深井巷道围岩破坏机理与安全控制技术研究

郭忠平　孙常军　著

煤炭工业出版社

·北　京·

内 容 提 要

　　本书介绍了作者多年来在深井巷道围岩破坏机理与安全控制方面的一些研究成果。针对千米深井高地应力、地质构造复杂的特点，采用先进的地应力测量仪器测试了深井原岩应力和次生应力分布规律，建立了多元应力作用下的物理模拟模型和数值模拟模型，对多元应力作用下的巷道围岩破坏机理进行了分析，得出了深井巷道围岩中最大水平应力大于垂直应力，且随着侧压系数的增加巷道由两帮破坏严重逐渐趋于四周均匀破坏。在此基础上，提出了在多元应力作用下巷道支护系统需具有变形让压功能，锚杆应具有较高强度及预应力的安全支护理念。

　　本书可供煤矿、科研院所的有关人员和矿业院校师生阅读、参考。

前 言

深部开采是世界上许多采矿国家所面临的共同问题。随着开采深度的增加、地质条件恶化、地应力增大、地温升高，深部巷道围岩在高应力的作用下进入软岩状态，岩石的蠕变速度及时间都在增大。在采动影响的情况下，巷道周围的岩体承受的垂直应力越来越大，巷道周边岩体出现了明显的塑性破坏和变形，围岩变形运动越来越强烈，尤其是在破碎带及集中应力区等困难条件下，深部巷道支护面临较多的技术难题。

地应力是引起采矿及其他各种地下工程变形和破坏的根本原因，其大小和方向对巷道围岩稳定性影响很大。地应力测量是确定工程岩体力学属性、进行围岩稳定性分析以及实现地下工程开挖设计科学化的必要前提。为全面掌握和反映新汶矿区原岩应力的分布特点和规律，分别在矿区内所属的潘西煤矿、华丰煤矿和协庄煤矿应用钻孔应力解除法进行了原岩应力和次生应力实测，得出深井开采最大水平主应力大于垂直应力，对巷道稳定性影响最大的为水平主应力。

通过相似材料模拟研究得到：无支护巷道围岩顶板及两帮发生强度破坏及产生破碎区后，由破碎岩石所形成的平衡结构具有稳定性差、可持续时间短等特征；从两帮破坏前的顶板初次拱形破坏阶段到顶板初次破坏后的两帮破坏阶段，再发展到两帮破坏后的顶板二次破坏，形成一个整体拱形破裂面到拱形破裂面以外围岩的破坏阶段；无支护巷道围岩强度破坏过程是一个稳定断面形状的自然优化过程。

通过对深井巷道围岩变形破坏数值模拟研究得出：深部巷道

开挖初始阶段围岩松动塑性破坏现象明显，围岩变形量大，变形速度快；在巷道两侧和掘进面前端一定距离附近形成侧向和超前应力增高区，巷道围岩表面以里一定深度为松动塑性破坏区，也是主要的卸荷区和位移发生区；随掘进的不断向前推进，巷道塑性区和应力卸荷区以及主要位移区的变化逐渐趋于稳定。

为探寻合理有效的解决深部高地应力巷道支护这一难题，针对矿井深部巷道多元应力作用下矿压显现规律特点，提出了"三高一低"的设计原则，即高强度、高刚度、高可靠性与低支护密度原则。针对新汶矿区深井高应力巷道围岩条件，研发了高强度、高刚度柔性锚杆支护系统。其特点是支护系统具有变形让压功能，柔性锚杆可以调整锚杆所受的载荷，避免锚杆过载破坏，实现巷道有控制变形；锚杆预应力的扩散，抑制了围岩的变形与破坏，保持了巷道顶板的完整性。

在编写过程中，我们参考了国内外一些煤矿企业成功的生产经验、技术资料及大专院校和科研院所的文献，在此表示诚挚的谢意。同时，还得到了许多专家、教授和有关同志的大力帮助和支持，在此一并表示衷心的感谢！由于本书编著时间紧迫和著者水平所限，不妥之处，祈望读者不吝赐教！

著　者

2013 年 3 月

目　次

1 绪 论

煤炭资源开发由浅部向深部发展是客观的必然趋势，也是世界上许多采矿国家面临的共同问题。德国和俄罗斯的一些矿井开采深度已超过 1400 m，加拿大超过 1000 m 的矿井有 30 座，美国有 11 座，开采深度以每年 8~16 m 的速度增加。国外部分国家深部工程开采现状[1]见表 1-1。我国煤矿开采深度以 10~20 m/a 的速度逐年加大[2]。20 世纪 50 年代，立井平均开采深度不到 200 m，到 90 年代平均开采深度已达 600 m。在 20 世纪 50 年代，仅能开采深度 300 m 左右的浅立井，而从 90 年代后期开始，已开采了一批 1000 m 以上的深立井。

表 1-1 国外部分国家深部工程开采现状

国家	英国	日本	波兰	德国	俄罗斯
开采深度/m	1100	1125	1200	1400	1550

除新建矿井以外，部分老矿井的开采深度有明显增长。据统计[2]，1980 年我国煤矿平均开采深度为 288 m，1995 年为 428.8 m，2000 年为 500 m，2012 年为 580 m。2012 年，国有大中型煤矿开采深度超过 1000 m 的有 47 处，最深已达到 1350 m。这些深矿井主要分布在开滦、鸡西、七台河、北票、沈阳、新汶、淄博、平顶山、徐州、大屯、淮南等老矿区。随着科学技术的不断发展，矿山现代化促进了生产的高产、高效，进一步加大了矿井开发强

度，浅矿井的数目大为减少，中深矿井的数目明显增加，深矿井的数目将成倍地增加，并出现更多的特深矿井。预计在未来 15 年，我国很多煤矿将进入 1000～1500 m 的开采深度。随着开采深度不断增加，冲击矿压、地热、煤与瓦斯突出、巷道底鼓、矿井突水等灾害日趋严重[3]，将会对深部矿井的安全、高效开采造成巨大威胁。

1.1　深部矿井开采特点

1.1.1　深部开采矿井面临的灾害

深部开采会引起高地应力、高地温、高岩溶水压和强烈的开采扰动影响。深部矿井重力引起的垂直应力明显增大，构造应力场复杂，地应力高[4]；矿井开采深度越大，地温越高，同时由于热胀冷缩，温度变化会引起地应力变化；地应力与地温升高，岩溶水压升高，矿井突水严重。在深部开采环境下，煤岩体的变形特性发生了根本变化，由浅部的脆性向深部的塑性转化；高地应力作用下，煤岩体具有较强的时间效应，表现为明显的流变或蠕变；煤岩体的扩容现象突出，表现为高应力下煤岩体内部节理、裂隙、裂纹张开，出现新裂纹导致煤岩体积增大，扩容膨胀；煤岩体变形的冲击性，表现为变形不是连续的、逐渐变化的，而是突然剧烈增加。深部开采环境和煤岩体变形特征决定了深部矿井会遇到一系列灾害[5,6]。

1. 冲击矿压明显加剧

冲击矿压是煤岩体中聚集的能量突然大量释放，快速破坏煤岩体，并产生剧烈震动。冲击矿压与采深有密切关系。随着开采深度的增加，冲击矿压发生的频率、强度和规模会随之上升[7,8]。我国最大的冲击矿压发生在抚顺老虎台矿，震级为里氏

4.3 级，破坏巷道 500 m，地面震感明显。2003 年，淮北芦岭矿"5·13"事故，由顶板冲击矿压诱发瓦斯爆炸，死亡 84 人；2005 年，阜新孙家湾矿"2·14"事故，冲击矿压引起大量瓦斯涌出，巷道严重破坏，导致瓦斯爆炸，死亡 214 人。

2. 煤（岩）与瓦斯突出灾害日趋严重

煤（岩）与瓦斯突出是大量煤岩体与高压瓦斯突然涌入采掘空间，伴随大量能量释放，而且还可能引起瓦斯爆炸。四川三汇坝一矿主平硐曾突出煤岩 1.27×10^4 t，瓦斯 1.4 Mm³。2004 年 10 月 20 日，郑州大平煤矿发生煤岩动力灾害，突然涌出大量瓦斯，诱发瓦斯爆炸，造成 148 人死亡。

3. 矿山工程垮落、冒顶灾害增加

矿井深度增大，围岩应力高于围岩强度，增大了围岩的失稳性和支护难度，极易导致顶板垮落，出现事故。近年来的统计数据表明，全国煤矿顶板事故占事故次数和死亡人数的 50% 和 30% 以上。深部开采工程围岩失稳垮落是矿山灾害的一个重要部分[9]。

4. 围岩大变形与破坏引发的其他灾害

工程围岩大变形与破坏还可能引发除工程垮落外的其他事故[10]，如井巷严重变形，会影响矿井运输和行人的安全；巷道空间减小影响矿井正常通风，给瓦斯聚集和爆炸创造条件。

5. 突水事故趋于严重

在高承压水的作用下，煤岩体内部积聚了大量液体能量。当能量积聚到一定程度，受到开采扰动后极易发生突水灾害事故。

1.1.2 深部巷道围岩变形与破坏特征

随着矿井开采深度的增加，深部巷道围岩逐渐呈现出软岩变形特点，即使岩石抗压强度再高，也已成为实际意义上的深井高应力区软岩。巷道围岩在高应力的作用下进入软岩岩性状态，岩石的蠕变速度、蠕变时间都在增大[11]。同时，地质构造也越来越复杂，巷道压力越来越大。在采动影响的情况下，巷道周围的岩体承受的垂直应力越来越大，矿山压力显现强烈，巷道周边岩体出现了明显的塑性破坏和变形，围岩变形运动越来越强烈，使巷道的支护愈加困难，后期维修工作量极大，经济效益受到极大的影响，特别是在破碎带及应力集中区等困难条件下，深部巷道锚杆支护面临较多的技术问题[12-19]。

1.1.2.1　深部巷道围岩的力学特征

在深部条件下巷道一旦被开挖，岩体原有的三向平衡应力状态就被打破，很快产生碎胀变形破坏，造成巷道周边破碎岩体增多、巷道支护困难等一系列问题，导致灾害事故增多，如大面积来压、冒顶、大变形且长期处于流变状态、冲击地压等，明显不同于浅部岩体表现出来的力学特性。深部巷道围岩的物理环境和力学特性较浅部发生了较大变化，主要是由于进入深部以后，多数巷道受"三高"和"一扰动"的作用，使深部巷道围岩的力学性质发生了明显变化，从而表现出其特有的力学特征[20-27]现象，主要包括以下几个方面。

1. 围岩应力场具有分区破裂化特征

浅部巷道围岩状态通常可分为塑性破裂区、弹性区和原岩应力区3个区域，而深部巷道围岩产生膨胀带和压缩带（或称为破裂区和未破坏区交替出现的情形），而且其宽度按等比数列递增，这种现象被称为分区（区域）破裂化现象。因此，深部巷道围岩应力场更为复杂。

2. 围岩的大变形和强流变特性

研究表明，进入深部后岩体变形具有两种完全不同的趋势。

一种是岩体表现为持续的强流变性,即不仅变形量大,而且具有明显的"时间效应",如煤矿中有的巷道 20 余年底鼓不止,累计底鼓量达数十米。Malan 等通过对南非金矿深部围岩的流变特性的系统研究,得出巷道围岩最大月位移量达 500 mm。另一种是岩体已不再具有承载性,但事实上它仍然具有承载和再次稳定的能力,生产中借助这一特性将巷道布置在破碎岩(煤)体中,如沿空掘巷。

3. 动力响应的突变性

浅部岩体破坏通常表现为一个渐进过程,具有明显的破坏前兆(变形加剧),而深部岩体的动力响应过程往往是突发的、无前兆的突变过程,具有强烈的冲击破坏性,宏观表现为巷道顶板或周边围岩的大范围突然失稳、坍塌。

4. 深部岩体的脆性 - 延性转化

研究表明,岩石在不同围压条件下表现出不同的峰后力学特性,最终破坏时应变值也不同。在浅部(低围压)开采中,岩石破坏以脆性为主,通常没有或仅有少量的永久变形或塑性变形,而进入深部开采以后,由于岩体处于"三高"和"一扰动"的作用环境之中,表现出的是其峰后强度特性。在高围压作用下,岩石可能转化为延性破坏,破坏时其永久变形量通常较大。因此,随着开采深度的增加,岩石已由浅部的脆性力学响应转化为深部潜在的延性力学响应行为。

1.1.2.2 深部巷道围岩的矿压显现

深部巷道围岩特有的力学现象,使其在宏观上表现出与浅部开采不同的矿压显现[28,29],主要体现在以下几个方面。

1. 矿压显现剧烈

研究表明,岩块的强度随深度的增加而有所提高,但进入深部开采以后，覆岩的自重应力和地质构造应力随着开采深度增加的幅度远大于岩块强度随深度的增加值[8]，而且深部工程往往受采掘扰动复杂叠加支承压力影响，受其影响巷道周边围岩应力高达数倍岩体强度，致使围岩松软破碎、变形严重，并易发生破坏性冲击地压，给巷道的维护带来极大困难。

2. 围岩变形量大、破坏程度严重

深部巷道因埋深大，相应的围岩自重应力大，而且在深部岩层结构、节理、裂隙较浅部发育，构造应力十分突出、巷道围岩压力大，由此致使岩体破碎、难以支护，支护成本不断增加。国内外开采实践表明，开采深度为 800 ~ 1000 m 时，巷道变形量达 1000 ~ 1500 mm，甚至更大，深部开采巷道的返修率在 40% ~ 80%。另据有关资料分析，近十年，巷道支护成本增加了 1.4 倍，巷道返修量占整个巷道掘进量的 40%。

3. 破坏范围大

浅部巷道围岩在临近破坏时往往具有加速变形的前兆，据此可以进行预测、预报并采取相应的控制对策，而且其破坏一般局限于某一局部范围。与浅部不同的是，深部巷道围岩的破坏前兆不明显，具有突发性，预测预报工作十分困难，而且破坏往往是大面积的发生，具有区域性，如巷道发生大面积的冒顶垮落等灾害。

因此，针对上述的深部巷道围岩的动态灾变力学特性及宏观显现特点，通过现场、理论及实验的综合研究手段寻求深部巷道围岩变形破坏机理，提出适合深部巷道围岩自身变形特点的支护对策，完善深部巷道围岩控制支护理论及支护技术，对确保深部资源的安全开采具有重要的理论和现实意义。

1.2　国内外研究现状

国内外学者针对深部巷道，在地应力测试、支护理论及支护技术等方面做了大量工作。

1.2.1　巷道支护理论

支护理论的研究一直是巷道支护的一个重要方面。弄清巷道围岩变形和破坏规律，围岩与支护体相互作用关系，对认识支护对象，合理进行巷道支护设计具有重要意义。我国学者针对矿山巷道地质条件，在支护理论方面做了大量工作，提出多种巷道支护理论，并在生产实践中起到积极的指导作用。

1. 新奥法支护理论

新奥法[30]支护理论在 20 世纪 70 年代末传入我国，在煤炭、铁路、水电等工程领域进行了推广应用，特别是煤炭行业，结合自身的特点，完善和发展了新奥法，形成以下支护原则：采用光面爆破；采用早强喷射混凝土及时封闭巷道周边，实施密贴支护；采用锚喷支护，主动加固围岩，提高其自承能力，在围岩内形成承载圈；实施二次支护；对破碎围岩实施注浆加固；实施动态设计和动态施工等。

2. 联合支护理论

联合支护理论[31-38]认为，对深部软岩巷道，只追求提高支护体刚度难以有效控制围岩变形，要先柔后刚，先让后抗，柔让适度，稳定支护。相应的支护形式有锚喷网支护、锚喷网 + 支架、锚梁网 + 支架等联合支护技术。联合支护理论在困难条件巷道中得到比较广泛的应用，但随着巷道条件越来越差，该理论受到了挑战，有些巷道采用联合支护并不有效，需要多次维修和翻修，围岩变形一直不能稳定，需要寻求更合理的支护理论。

3. 松动圈支护理论

松动圈支护理论[39-44]认为，当围岩应力超过围岩强度时，围岩将产生弧形破裂带，称为围岩松动圈。支护的最大载荷是围岩松动圈形成过程中的碎胀力。根据松动圈对巷道围岩进行分类，并提出相应的支护机理和方法。松动圈支护理论比较简单、直观，但存在两方面的问题：一是井下很难准确测定松动圈的范围；二是巷道支护对松动圈是否有影响及影响程度不清楚，需要进一步深入研究。

4. 锚杆支护的扩容 - 稳定理论

该理论针对锚杆支护提出，其实质是，锚杆支护主要作用在于控制锚固区围岩的离层、滑动、张开裂隙等扩容变形与破坏[45]，在锚固区内形成次生承载层，最大限度地保持锚固区围岩的完整性，避免围岩有害变形的出现，提高锚固区围岩的整体强度和稳定性。为此，应采用高强度、高刚度锚杆组合支护系统。高强度要求锚杆具有较大的破断力，高刚度要求锚杆具有较大的预紧力，并实施加长或全长锚固。组合支护要求采用强度和刚度大的组合构件。锚杆支护应尽量一次支护就能有效控制围岩变形与破坏，避免二次支护和巷道维修。该理论在井下工程应用中已经得到证实，但是还有很多具体的工作需要研究。

1.2.2 巷道支护形式

目前，用于深部软岩巷道的支护形式主要有以下几种[46-57]。

1. 锚杆、锚喷支护

喷射混凝土可及时封闭巷道周边，实施密贴支护，减少水、风对围岩强度的影响。锚杆可及时支护围岩，起到主动加固作用，充分发挥围岩的自承能力。锚杆、锚喷支护是一种性能优越、比较适合深部软岩巷道的支护形式。但是，必须选择合理的支护形式与参数，才能取得较好效果，否则容易出现冒顶事故。

2. U 型钢可缩性支架

U 型钢可缩性支架在我国煤矿和一些其他矿山得到比较广泛的应用。U 型钢具有良好的断面形状和几何参数，型钢搭接后易于收缩，只要支架设计合理，使用正确，连接件选择适当，就能获得较好的支架力学性能。我国可缩性支架所用的 U 型钢主要有 U25、U29 和 U36 三种。支架形式结构主要有不封闭和封闭两大系列。不封闭的有拱型直腿、拱型曲腿等形式，封闭的有圆形、方环形、马蹄形和直腿底拱形等类型。但是，U 型钢可缩性支架毕竟是一种被动支护形式，而且支护费用高，施工比较困难，不是首选的支护形式。

3. 注浆加固

围岩注浆加固是利用浆液充填围岩内的裂隙，将破碎的岩体固结起来，改善围岩结构，提高围岩的强度，改善其力学性能，从而增加围岩自身承载能力，保持围岩的稳定性。目前国内外用于岩体加固的材料共有两大类型：一类是水泥－水玻璃材料；另一类是高分子材料，如不饱和聚酯、环氧树脂、聚氨酯树脂等，其中聚氨酯树脂使用比较广泛。注浆加固一般适用于比较破碎的围岩条件，用于局部地段加固，并且与其他支护方法联合使用。

4. 复合支护

复合支护是采用两种或两种以上的支护方式联合支护巷道。如果能充分发挥每种支护方式的支护性能，做到优势互补，复合支护会有更好的支护效果和更广泛的适用范围。复合支护有多种类型，如锚喷＋注浆加固，锚喷＋U 型钢可缩性支架，锚喷＋弧板支架，U 型钢支架＋注浆加固，以及锚喷＋注浆＋U 型钢支架等形式。复合支护虽然适用范围广，但支护费用高，支护形式选择不匹配时,往往造成各个击破的情况。

5. 卸压技术

将巷道布置在应力降低区,或采取人工卸压措施,使巷道周边的高应力向深部转移,是深部巷道围岩变形控制的另一个途径。在应力降低区布置巷道是首选的方法,而人工卸压法由于种种原因,目前还没有推广,仅局部采用。

1.2.3　煤巷锚杆支护技术

随着矿井产量和效率的不断提高,要求的巷道断面越来越大,成巷速度越来越快,传统的棚式支护越来越不能满足生产需要。近年来,煤巷锚杆支护技术[58-66]发展极为迅速。与棚式支护相比,锚杆支护显著提高了支护效果,降低了巷道支护成本,减轻了工人的劳动强度。更重要的是,锚杆支护为采煤工作面的快速推进创造了良好条件。目前,锚杆支护技术已在国内外得到普遍应用,是煤矿实现安全高效生产必不可少的关键技术之一。

在国外,美国、澳大利亚等国家的锚杆支护技术比较先进。美国最先重视高预应力锚杆支护技术。1992 年,美国 A. Wahab Khair 观测了高水平地应力对巷道顶板产生的离层及剪切破坏,并提出了采用预应力桁架控制巷道顶板的措施。1994—1997 年,美国 J. Stankus 系统地研究了水平地应力对巷道稳定性的影响,认为水平地应力是造成巷道顶板离层垮落、底板鼓起的主要原因,并在锚杆支护设计中考虑锚杆预应力的影响,认为预应力是决定锚杆支护效果的关键因素。澳大利亚锚杆支护技术已经形成比较完整的体系。澳大利亚的煤矿巷道几乎全部采用 W 型钢带树脂全长锚固组合锚杆支护技术,尽管其巷道断面比较大,但支护效果非常好。英国的锚杆支护技术是从澳大利亚引进的,在近十年实践的基础上又作了改进和提高。到目前为止,锚杆支护巷道的长度占 90% 以上。

我国煤巷锚杆支护技术近年来也取得长足发展。特别是1996—1997 年我国引进了澳大利亚锚杆支护技术，并完成了与锚杆支护技术有关的项目，使我国的煤巷锚杆支护技术有了较大提高。在全煤巷道、冲击地压巷道、复合、破碎顶板等困难条件下，锚杆锚索支护技术得到了应用，并取得较好的支护效果和经济效益。

在深部巷道支护方面，对锚杆、锚索控制巷道围岩变形的原理进行了研究，并应用于软岩巷道、构造破碎带、动压巷道、大断面开切眼等困难条件，取得一定的支护效果。尽管如此，深部高地应力巷道，特别是千米深井巷道支护难题还没有很好地解决，无论是从理论还是从技术方面，都需要进行更深入、细致的研究与试验。

1.2.4 地应力测试技术

地应力是引起采矿及其他各种地下工程变形和破坏的根本作用力，其大小和方向对巷道围岩稳定性影响很大。地应力测量是确定工程岩体力学属性、进行围岩稳定性分析以及实现地下工程开挖设计科学化的必要前提。

地应力测试理论与技术一直是岩石力学与工程学科的重要研究内容。目前，地应力测量方法有很多种，根据测量原理可分为三大类：第一类是以测定岩体中的应变、变形为依据的力学法，如应力恢复法、应力解除法及水压致裂法等；第二类是以测量岩体中的声发射、声波传播规律、电阻率或其他物理量的变化为依据的地球物理方法；第三类是根据地质构造和井下岩体破坏状况提供的信息确定应力方向。其中，应力解除法与水压致裂法得到比较广泛的应用，其他几种只能作为辅助方法。

1.3　新汶矿区巷道支护现状与存在的问题

1.3.1　锚杆支护技术的现状

新汶矿区平均开采深度已超过了 1000 m，是我国开采深度最大的矿区之一。它集中了采深大、地质构造复杂、矿井灾害性现象多等条件，使开采支护极为困难。在这种条件下，新汶矿区不断加强支护改革，加大支护改革资金投入，开发应用支护新技术、新设备、新材料，大力推广锚杆支护，完成了"新汶矿务局困难条件下煤巷锚杆支护技术的研究"等多个重大科研项目，锚杆支护应用从稳定岩层发展到了松软破碎岩层，从静压巷道发展到动压巷道，由全岩巷道发展到了采区煤巷。锚杆的种类也从木锚杆发展成现在各式各样的金属锚杆，锚杆支护形式由单一的锚杆支护发展到现在的锚网带及锚索等多种方式联合支护，岩巷采用了锚网喷二次支护形式，推动了新汶矿区锚杆支护技术的发展，使目前锚杆支护率达到 97.51%，其中煤巷 96.7%，岩巷98.3%。

1.3.2　锚杆支护存在的问题

随着开采深度的增加，虽然这些年取得了一些研究成果，但仍存在一些局限性，主要表现在以下几个方面：

（1）深部巷道围岩破坏机理没能得到很好的解决，特定条件下围岩运动规律还需进一步研究，补充完善原研究成果，以便更有针对性，更有效地指导深部围岩控制工作。

（2）支护形式及参数只是参照少数试验巷道的成果，采用工程类比法指导其他巷道的支护设计，巷道支护形式及参数不能根据现场的条件变化科学地进行支护设计，需研究从"定性"设计向"定量"设计的转变。

（3）未形成巷道支护合理性评价系统（如煤巷半煤巷顶板离层评价），无论支护是控制较好的巷道，还是控制较差的巷道，都不能适时评价合理支护的方式及参数，达到支护效果最佳、成本最低的目标，不能满足煤炭生产降低成本，提高安全、经济效益的要求。

（4）深部岩石巷道底鼓的问题、采动影响下煤巷支护难的问题、冲击地压煤层综放工作面平巷支护问题等仍没有得到很好的解决。

（5）支护材料及机具不能适应深部困难条件，如现在普遍采用的全螺纹锚杆，由于螺距较大，锁紧力低，初期锚固力小，所以爆破后易造成松动等。

1.3.3 复杂困难巷道类型及影响因素

新汶矿区复杂困难巷道类型与影响因素主要有以下几个方面。

1. 煤柱集中应力影响区巷道支护困难

随着矿井开采深度的增加，地质构造越来越复杂，巷道压力越来越大。由于地质条件复杂，所以上覆煤层不可避免地留下煤柱等给下伏煤层开采时造成应力集中。另外，同煤层区段及采区煤柱、断层构造带煤柱等也易造成应力集中，如潘西煤矿 19 号煤层平均厚度 2.8 m，运输巷原支护方式，顶板采用 ϕ18 mm × 2000 mm 全螺纹钢等强锚杆配 W 型钢带或配钢筋托梁压菱形网支护，两帮采用 ϕ16 mm × 1800 mm 全螺纹钢等强锚杆配木托盘压菱形网支护。432 运输巷受 433 采空区煤柱集中压力影响，在掘进过程中出现巷道变形严重，W 型钢带撕裂、锚杆被拉断、托盘被挤坏，巷道变矮变窄，两帮移近量达 126～420 mm，顶底移进量达 126～308 mm。

2. 受煤柱及动压影响的岩巷变形破坏严重

受生产接续及生产条件的制约，岩巷常常布置在煤层底板岩层中，受到煤柱及采动压力的影响，常常出现底鼓、喷层开裂等现象，如华丰煤矿目前开采的五水平主要巷道均采用锚网喷二次支护，在受 6 号煤层工作面采动影响之前，巷道两帮平均移近量为 350 mm，顶底板移近量达 400 ~ 500 mm；受采动影响后，巷道两帮移近量达 800 ~ 1200 mm，顶底板移近量达 1000 ~ 1500 mm，巷道断面收缩率达 50% 以上，严重影响了巷道的使用。

3. 深部高地应力巷道维护困难

随着开采深度的增加，巷道围岩变形与破坏范围越来越大，支护更加困难。如潘西煤矿 7191 主巷埋深 864.4 m，顶板采用锚网带联合支护，布置 $\phi18$ mm × 2000 mm 的全螺纹钢等强锚杆 5 根，间排距 800 mm × 800 mm，采用 3.4 m 长 W 型钢带与金属网护顶；两帮采用 $\phi16$ mm × 1800 mm 的全螺纹钢等强锚杆，其中下帮锚杆 3 根，上帮锚杆 5 根，间排距 800 mm × 800 mm。矿压监测表明，巷道两帮移近量达 246 ~ 496 mm，顶底移近量达 340 ~ 571 mm，变形较大。

4. 构造应力影响区巷道变形严重

新汶矿区地质条件复杂，断层构造多，给巷道支护造成了很大的困难。如潘西矿 442 运输巷，掘进过程中，受大断层尖灭带压力影响，巷道变形严重，采用扶金属棚加固后也发生了变形，导致冒顶；鄂庄煤矿 - 530 m 五采西大巷，处于向斜的轴部压力集中区，巷道压力大，虽采用锚网喷，铺两次网，第二次铺钢筋网支护，并打锚索加固，但支护体仍遭到破坏垮落，不得不停止掘进，进行修复。

5. 巷道托顶煤或受软弱破碎带影响支护困难

巷道顶板层理发育、托顶煤掘进、岩巷穿层掘进时，锚杆支护困难。如孙村矿 –1100 m 水平开拓延深，由于深部煤层倾角大于 30°，造成延深巷道不得不穿层布置，–1100 m 斜井托顶煤掘进，半圆拱锚网喷二次支护方式，施工及支护困难，喷层离层破坏，又进行了第三次锚网喷支护。

1.4　研究内容与目标

本文针对新汶矿区超千米深井、高地应力、复杂地质构造区巷道条件，研究巷道围岩变形机理，开发相应的支护技术，以达到安全控制深井巷道变形与破坏之目的。

1.4.1　研究内容

本文研究内容主要包括以下几个方面：

（1）矿井地应力现场实测研究，包括井下巷道围岩强度测定、原岩应力测量及次生应力测量，对测试数据进行处理与分析。

（2）深井巷道围岩稳定性相似材料模拟研究，包括巷道变形、破坏特征及应力分布规律。

（3）深井巷道围岩变形破坏数值模拟研究，包括不同地应力和掘进活动对围岩变形的影响及高应力软岩巷道围岩变形机理。

（4）深井巷道围岩二次应力状态，研究不同侧压力作用下，不同断面形状的硐室二次应力分布规律。

（5）深井巷道围岩稳定性安全控制技术研究，包括巷道围岩稳定性安全评价指标聚类分析、支护系统设计原则、高强高预应力柔性锚杆设计及支护系统参数选择。

1.4.2　研究目标

（1）掌握深部巷道围岩变形与破坏规律，提出该条件下巷道围岩稳定性安全控制方法，提高巷道支护效果。

（2）研发一种新型锚杆，解决目前存在的巷道支护难题。

1.5　研究方法与技术路线

本文拟采用相似材料物理模拟、数值模拟、现场实测和理论分析相结合的研究方法。

（1）采用相似材料物理模拟试验研究受采动和垂直应力影响的深井巷道围岩非连续变形破坏特征及演化规律，进一步寻求围岩破坏与支承压力的对应关系。

（2）采用 FLAC3D 软件模拟研究受采动影响和不同侧压系数情况下巷道围岩变形特点及破坏机理。

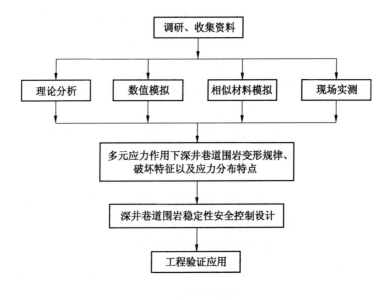

图 1-1　技术路线

（3）采用 ANZI 应力计对新汶矿区原岩应力及次生应力进行测量，以探寻该矿区应力分布的特点和规律，为进行围岩稳定性分析及实现地下工程开挖设计提供科学依据。

（4）利用弹塑性理论分析深部矿井不同水平应力作用下不同断面形状的巷道围岩应力分布特点。

（5）研究成果的应用与工程验证，结合研究成果开发一种新型锚杆，并在新汶矿区某矿进行工业性试验。

该研究采用的技术路线如图 1-1 所示。

2 矿井地应力现场实测研究

地应力是引起采矿及其他各种地下工程变形和破坏的根本原因，其大小和方向对巷道围岩稳定性影响很大[67-74]。地应力测量是确定工程岩体力学性质、进行围岩稳定性分析以及实现地下工程开挖设计科学化的基础。随着矿井开采深度的不断增加，地应力的作用表现得越来越明显。深部高地应力巷道的维护、冲击地压等都与地应力有着密切的关系。弄清开采范围内地应力的大小和方向，据此进行合理的巷道布置，不仅可以显著改善巷道维护状况，避免灾害发生，而且可节约大量巷道支护和维修费用，显著提高矿井的经济效益。

2.1 矿区地质特征

2.1.1 矿区地层

新汶煤田地层由老至新如下所述。

1. 奥陶系（$O_1 + O_2$）

奥陶系厚920 m，为煤系地层基底，分上、下两部。下部厚90 m左右，与上寒武系假整合接触，以白云质厚层状结晶石灰岩为主，含燧石带结核，表面为黑色，内部为乳白色。上部厚810 m左右，除下段含有薄片状石灰岩及页岩外，均为厚层状石灰岩，表面呈深灰色及乳白色。

2. 中石炭统本溪组（C_2）

中石炭统本溪组厚94～131 m，与下伏中奥陶和上覆太原组均为假整合接触，主要由石灰岩、粉砂岩及泥岩组成，属浅海~近海沼泽相沉积，含1~2层薄煤。徐家庄灰岩及草埠沟灰岩含海百合茎、腕足类动物化石。底部为紫色及杂色泥岩、山西式铁矿和G层铝土岩。

3. 上石炭统太原组（C_3）

上石炭统太原组下界为徐灰之上的砂岩，上界至侏罗系剥蚀面或二叠系底界，残厚0~194 m，属海陆交互相沉积。以砂岩、粉砂岩及泥岩为主，第一、二、四层石灰岩为煤系地层标志层，含蜓科、腕足类化石。含12层煤（6~17号煤层），主要可采煤层有6号煤层、9号煤层、11号煤层、13号煤层、15号煤层5层煤。煤层顶板含苛达、轮叶和楔叶等植物化石。

4. 二叠系下统山西组（P_1）

二叠系下统山西组整合沉积于石炭系太原组地层之上，底部发育一层厚6~7 m的灰白色中细粒长石石英砂岩，与太原组分界。由暗灰色粉砂岩及浅灰、灰白色砂岩组成，并交互成层，在其底部粉砂岩中含植物化石及菱铁矿结核。

5. 上侏罗系蒙阴组（J_3）

上侏罗系蒙阴组与下伏煤系地层呈角度不整合接触，厚90~1008 m，平均厚550 m，井田内自西向东变厚，主要为紫红色细粒石英、长石砂岩，上部为浅灰色砂岩，下部（距底部剥蚀面195 m左右外）夹有一层厚57 m左右的厚层砾岩。砾石成分为石英砂岩，砾径0.2~5 cm，分选磨圆差，基底式胶结，底部为砾岩和砂砾岩。砾石成分主要以石英砂岩为主，基底式胶结。

6. 下第三系官庄组（E）

下第三系官庄组厚0~970 m，平均厚480 m，以角度不整合覆盖于侏罗系蒙阴组地层之上，中下部主要为浅红色、浅紫红色黏土质粉砂岩及砂质泥岩，夹砾岩、砂砾岩或含砂砾岩，上部以巨厚砾岩为主，越靠近莲花山断层，砾岩越发育（随地层厚度增大而加厚）。砾石成分主要为石灰岩，有少量砂岩、燧石及变质岩。地层中含腕足类、介形类及孢粉化石。

7. 第四系（Q）

第四系厚 0～28.9 m，平均 8.1 m，主要为未胶结的冲积、坡积及残积次生黄土和砂层，砂层分布在东周河、鲍庄河两岸，厚度 0～7 m，与下伏地层呈角度不整合接触。

2.1.2　含煤地层

煤系地层属华北石炭－二叠纪近海型煤田。由于剥蚀，井田内二叠系已不存在，只残留石炭系，厚 100～257 m，共含煤 11 层，总厚度 7.5 m，主要可采煤层为 9、11、13、15 号煤层，可采总厚 4.46 m。底面与中奥陶系呈假整合接触，顶面与上覆侏罗系呈不整合接触。自老至新简述如下。

1. 中石炭系本溪组

中石炭系本溪组总厚 96～132 m，主要由泥岩、石灰岩及粉砂岩组成，砂岩较少，属浅海～近海沼泽相，自下而上分布：

（1）紫色铁质泥岩（山西式铁矿）和 G 层铝土，厚 2～7 m。

（2）杂色泥岩、粉砂岩及薄煤第 20 层，厚 45～66 m。

（3）草埠沟石灰岩，厚 14～22 m，有分层现象，中夹泥岩，偶夹有 19 号煤层，质不纯，含燧石结核，有海百合茎、石燕等化石。

（4）杂色泥岩、粉砂岩、砂岩，厚 6～16 m，偶夹 18 号煤层。

（5）徐家庄石灰岩，厚 8～19 m，有分层现象中夹泥岩，含浅色燧石结核，含海百合及腕足类等化石。

（6）砂岩、粉砂岩、泥岩、17 号煤层，岩层厚 6 ~ 11 m，煤厚 0 ~ 0.4 m，中石炭系底面与中奥陶系为假整合接触，顶面与上石炭系为假整合接触。

2. 上石炭系太原组

上石炭系太原组残厚 0 ~ 144 m（自西向东变薄），主要由砂岩、粉砂岩、泥岩及石灰岩组成，属海陆交互相，含 7 ~ 16 号煤层，自下而上分布：

（1）砂岩、粉砂岩、泥岩等厚 8 ~ 18 m。

（2）16 号煤层厚 0 ~ 0.60 m，中有夹石一层。

（3）粉砂岩、泥岩，厚 2 ~ 4 m。

（4）15 号煤层，厚 0.78 ~ 2.10 m，中有一层 0.50 m 夹石，顶板为 0 ~ 4.39 m 的泥灰岩，是煤系重要标志层之一。

（5）泥岩、粉砂岩、14 号煤层，岩石厚 3 ~ 5 m，煤厚 0.3 m。

（6）泥岩、粉砂岩、砂岩、13 号煤层，岩石厚 6 ~ 9 m，煤厚 1.00 ~ 1.91 m，煤中含炭质砂岩夹矸 1 ~ 3 层。

（7）第四层石灰岩，厚 5 ~ 9 m，为 13 号煤层直接顶板厚度稳定，为煤系重要标志层之一，底部有一层化石带富含纺锤蜓、海百合茎化石。

（8）泥岩、粉砂岩、钙质砂岩、12 号煤层（煤厚 0.2 ~ 0.3 m 中夹 2 m 粉砂岩），总厚 17 ~ 23 m。

（9）粉砂岩、砂岩、细砂岩，11 号煤层，岩石厚 10 ~ 17 m，煤厚 1.57 m，煤中含铝质泥岩夹矸 1 层及黄铁矿结核。

（10）粉砂岩、砂岩、9 号煤层，岩石厚 19 ~ 28 m，煤厚 0.06 ~ 1.52 m；泥灰岩、泥岩、粉砂岩、砂岩、8 号煤层，煤岩层总厚约 23 m，煤厚 0.08 ~ 0.70 m；泥岩、粉砂岩、砂岩、7 号煤层，岩石厚约 14 m，煤厚 0.2 m；泥岩、粉砂岩，残余厚约 2 m，与侏罗系地层呈不整合接触。

2.1.3　区域地质构造

区域地质构造特点：向背斜相间存在，自北向南有泰莱向斜，徂莱 - 莲花山背斜，新蒙向斜，西走天宝寨，东经新泰而转向东南直达蒙阴。北翼地层残缺不全，南翼平缓，为新汶各煤矿。此构造骨架属海西运动及燕山期造山运动产物，在漫长地史年代中，地壳升降频繁，升高侵蚀，下降接受沉积，使矿区地层造成上奥陶统至下石炭统，上二叠统至中侏罗统及白垩纪沉缺，石炭二叠纪相对稳定，接受了海陆交互相煤系地层沉积。同时，燕山运动第三幕以剧烈褶皱和大断层为主，动力方向有北东、南西向和北西、南东向，其北东向强度较大。压应力受北东，南西向所支配，北西向构造线与莲花山断层基本一致。

2.2　原岩应力测量

2.2.1　矿区岩石力学特征

进行原岩应力实测前，需要掌握有关岩层的力学性质，因此根据新汶矿区井下揭露的地层情况，主要对煤系地层特别是煤层顶底板岩层进行取样分析，测试分析的指标有岩石的单轴抗压强度、三轴抗压强度、弹性模量、泊松比等力学指标。

1. 岩石单轴抗压强度与弹性模量

在矿区内采取岩样 62 组。岩样的主要岩性有中粗砂岩、粉砂岩、泥页岩。通过测试，中粗砂岩的单轴抗压强度一般为 30 ~ 85 MPa，岩石弹性模量一般为 12 ~ 24 GPa，泥页岩的单轴抗压强度一般为 20 ~ 60 MPa，岩石弹性模量一般为 5 ~ 15 GPa。

2. 岩石三轴强度试验

以原岩应力实测区为例进行说明,对原岩应力实测区所属的潘西煤矿、协庄煤矿、华丰煤矿井下采取的岩样进行三轴强度试验,通过测试分析砂质页岩的三轴抗压强度为 66.7～114.5 MPa,三轴残余强度为 15.1～51.9 MPa,细砂岩的三轴抗压强度为 145.1～257.1 MPa,三轴残余强度为 10.2～79.3 MPa。

2.2.2 原岩应力测点布置

为了全面掌握和反映新汶矿区原岩应力的分布特点和规律,分别在潘西煤矿、华丰煤矿和协庄煤矿 3 个煤矿进行了原岩应力测量,根据矿井采区布置情况,一个矿井布置 3 个测点,应用钻孔应力解除法进行实测。实测工作自 2004 年始,至 2006 年结束,历时 3 年,共完成原岩应力测点 8 个。新汶矿区原岩应力测点基本情况见表 2 - 1。

表 2 - 1 新汶矿区原岩应力测点基本情况

测点号	测量地点		测点埋深/ m	巷道尺寸/ (m×m)	应力解除深度/ m
	矿名	地点			
1	潘西煤矿	4196 轨道巷	896.9	4×3	12.21
2	潘西煤矿	十采三横轨道巷	895	4×3	13.40
3	潘西煤矿	4324 运煤巷	995	4×3	12.00
4	华丰煤矿	一采回风上山	900	4.6×3.4	14.60
5	华丰煤矿	东翼大巷	967	4.2×2.9	12.80
6	华丰煤矿	14315 运输巷	956	4.4×3.1	14.10
7	协庄煤矿	1202 西回风巷	790	4×3	12.40
8	协庄煤矿	1202 东运输巷	1150	4×3	12.56

2.2.3 矿区原岩应力实测

2.2.3.1 潘西煤矿原岩应力实测与分析

1. 原岩应力现场实测

根据潘西煤矿生产要求和井下地质条件，本次测量共布置 3 个原岩应力测点，其位置分别在 4196 轨道巷、4324 运煤巷、十采三横轨道巷，原岩应力测点的编号依次为测点 1、2、3，各原岩应力测点所安装的应力传感器编号分别为 ANZIXL1、ANZIXL2、ANZIXL3。

1) 4196 轨道巷原岩应力实测

在 4196 轨道巷实体煤一侧施工原岩应力测量钻孔，此钻孔的仰角为 39°，方位角为 251°，钻孔的深度为 11.98 m，直径为 100 mm。根据 E 型孔岩芯完整情况，ANZI 应力传感器安装在孔深 12.37 m，采用黏结的方法安装 ANZI 应力计。测量编号为 ANZIXL1；岩体类型为深灰色粉砂岩；岩石性质为双轴率定的弹性模量 19.6 GPa，当量化后的弹性模量为 20 GPa；泊松比为 0.33；实测结果可信度为在 6 个自由度上的相关系数为 0.94。

根据岩体的应变来计算原岩应力的大小和方向，岩体内任一点应力分量为 6 个，因此，只要有 6 个不同方向布置的应变片的应变数据，即可建立应力应变方程组计算出岩体的三维应力。ANZI 应力计的 18 个应变片工作正常，可通过应变片的多种不同组合来相互验证计算结果，从而获得最可靠的测量结果。

从轴向应变片应变曲线（图 2 - 1）来看，钻进开始时各应变片的应变量均为零，随着钻进距离的增大，当接近应变片时，轴向应变片（第 1、2、3、4、5、6 号应变片）处于受压状态，应变值逐渐变小，在曲线上应变量表现为负值。当解除距离为 36 cm，岩芯筒钻过应变片所在位置时，轴向应变片的应变值陡

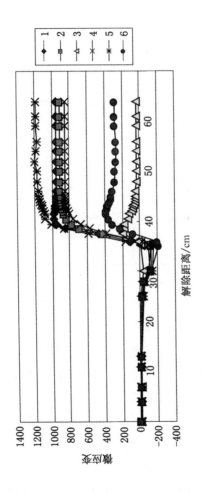

图 2 - 1　潘西煤矿 4196 轨道巷轴向应变曲线

然变大，在曲线上应变量由负值变为正值，应变片经历一个应力突然释放的过程。此后，随着解除距离的逐渐增加，各应变片的应变量趋于稳定，轴向应变片的应变变化与实际情况相符。轴向及斜向应变片的应变量变化过程则表现为应变量随着钻进距离的增大而增大。潘西煤矿 4196 轨道巷应变解除曲线如图 2 – 2 所示。

4196 轨道巷原岩应力实测结果见表 2 – 2。

表 2 - 2　4196 轨道巷原岩应力实测结果

主应力	实测/MPa	标称/MPa	仰角/(°)	方位角/(°)
σ_1	21. 42	21. 42	12	194
σ_2	8. 30	8. 30	37	99
σ_3	16. 75	16. 79	7	114
σ_v	23. 42	23. 42		

2）4324 运输巷原岩应力实测

在 4324 运输巷安装 ANZI 应力计进行原岩应力测量。施工钻孔的深度为 11. 27 m，钻孔仰角为 40°，ANZI 应力传感器安装部位岩性为灰色粉砂岩，安装深度为 12. 86 m。测量编号为 ANZ-IXL2；岩体类型为深灰色粉砂岩，干燥；岩石性质为双轴率定弹性模量 31. 2 GPa，当量化后的弹性模量 20 GPa；泊松比为 0. 41。

对取出的岩芯进行双轴率定试验，应变曲线重复性较好。岩石的强度明显高于 4196 轨道巷，其弹模率定曲线如图 2 – 3 所示。

4324 运输巷原岩应力测量结果见表 2 – 3。

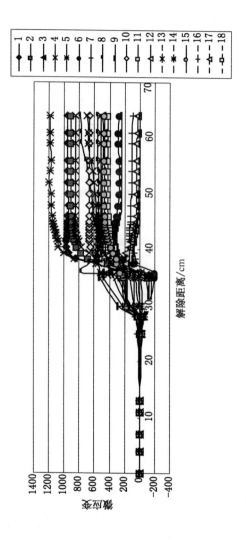

图 2 – 2 潘西煤矿 4196 轨道巷应变解除曲线

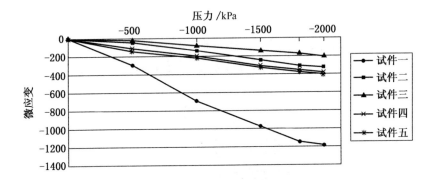

图2-3 弹模率定曲线

表2-3 4324运输巷原岩应力测量结果

主应力	实测/MPa	标称/MPa	仰角/(°)	方位角/(°)
σ_1	25.25	22.45	5	233
σ_2	14.20	14.20	38	23
σ_3	17.92	17.92	49	123
σ_v	25.15	25.15		

3）十采三横轨道巷原岩应力实测

施工钻孔的仰角为40°,方位角为181°,钻孔深度为13.41 m,测量编号为 ANZIXL3;岩体类型为灰色粉砂岩, 完整、干燥;岩石性质为双轴率定弹性模量 14.0 GPa, 当量化后的弹性模量 20 GPa;泊松比为 0.44;实测结果可信度为在 12 个自由度上的相关系数为 0.996;对测量和双轴率定的数据进行处理,数据相关系数达 0.996,测量结果可信度高。

潘西煤矿十采三横轨道巷应力解除曲线如图2-4所示。

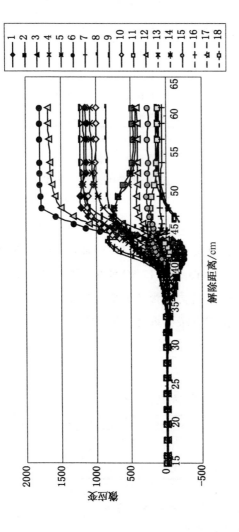

图 2 - 4 潘西煤矿十采三模轨道巷应力解除曲线

十采三横轨道巷原岩应力实测结果见表 2 - 4。

表 2 - 4　十采三横轨道巷原岩应力实测结果

主应力	实测/MPa	标称/MPa	仰角/(°)	方位角/(°)
σ_1	20.06	22.13	2	216
σ_2	10.49	10.49	63	32
σ_3	16.52	16.05	27	125
σ_v	9.70	9.70		

2. 原岩应力实测结果分析

根据潘西煤矿地质条件及采掘情况，分别在四采区、十采区进行原岩应力测量，对 3 个原岩应力测点的测量结果分析，得最大主应力 σ_1 大小为 20.06 ~ 25.25 MPa，其方位角为 194° ~ 233°；中间主应力 σ_2 大小为 8.3 ~ 14.2 MPa，方位分布较分散；最小主应力 σ_3 大小为 16.52 ~ 17.92 MPa，其方位分布不集中。

3 个测点的第一主应力均为最大垂直主应力，其值为 20.06 ~ 25.25 MPa。4324 运输巷最大垂直主应力值最大，4196 轨道巷最大垂直主应力的值最小。各测点的最大水平主应力大小及方向见表 2 - 5。

表 2 - 5　各测点的最大水平主应力大小及方向

地　点	4196 轨道巷	4324 运输巷	十采三横
最大垂直主应力/MPa	11.0	15.25	14.02
方位角/(°)	114	123	125

2.2.3.2　华丰煤矿原岩应力实测与分析

1. 原岩应力现场实测

华丰煤矿分别在一采回风上山、东翼大巷和 14315 运输巷布置测点进行原岩应力实测工作，完成原岩应力测点 3 个，采取煤层顶底板岩芯共 80 m。

1）一采回风上山原岩应力实测

ANZI 应力传感器安装在孔深 12.60 m 处，采用黏结的方法安装 ANZI 应力计。黏结剂固化约 22 h 后，进行套芯应力解除，从应力解除过程来看，18 个应变片工作正常。华丰煤矿一采回风上山应变解除曲线如图 2-5 所示。

应用专用数据处理软件对测量数据进行处理后表明，各种不同组合的应变片数据相关系数是 0.966，可信度较高。一采回风上山原岩应力实测结果见表 2-6。

表 2-6 一采回风上山原岩应力实测结果

主应力	实测/MPa	仰角/(°)	方位角/(°)
σ_1	18.73	14	50
σ_2	12.30	72	193
σ_3	11.12	10	317
σ_v	12.19		

2）东翼大巷原岩应力实测

ANZI 应力传感器安装在 3 号煤层底板粉砂岩地层中，安装深度为 12.1 m，应力解除曲线显示，ANZI 应力计的 18 个应变片工作正常，应用专用数据处理软件对测量数据进行处理后表明，各种不同组合的应变片数据相关系数是 0.991，可信度较高。

从轴向应变片应变解除曲线（图 2-6）来看，钻进开始时各应变片的应变量均为零，随着钻进距离的增大，当接近应变片

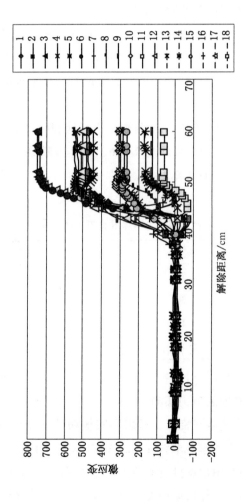

图 2 - 5　华丰煤矿一采回风上山应变解除曲线

时，轴向应变片（第1、2、3、4、5、6号应变片）处于受压状态，应变值逐渐变小，在曲线上应变量表现为负值，当解除距离为 20 cm，岩芯筒钻过应变片所在位置时，轴向应变片的应变值陡然变大，在曲线上应变量由负值变为正值，应变片经历一个应力突然释放的过程。此后，随着解除距离的逐渐增加，各应变片的应变量趋于稳定，轴向应变片的应变变化与实际情况相符。

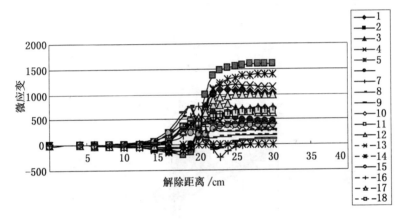

图 2-6　华丰煤矿东翼大巷应变解除曲线

轴向及斜向应变片的应变量变化过程则表现为应变量随着钻进距离的增大而增大。应用专用数据处理软件对测量数据进行处理，东翼大巷原岩应力实测结果见表 2-7。

表 2-7　东翼大巷原岩应力实测结果

主应力	实测/MPa	仰角/(°)	方位角/(°)
σ_1	23.46	27	43
σ_2	13.37	30	296
σ_3	13.18	48	167
σ_v	15.30		

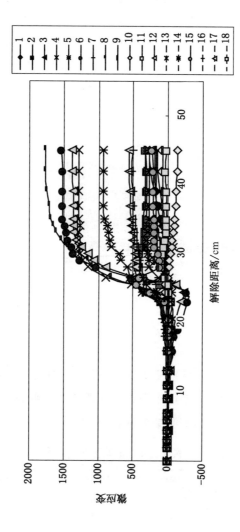

图 2 - 7　华丰煤矿 14315 运输巷原岩应力应变解除曲线

3）14315 运输巷原岩应力实测

华丰煤矿 14315 运输巷原岩应力应变解除曲线如图 2-7 所示。

对取出的岩芯进行双轴率定试验，应变曲线重复性较好，由弹模率定曲线计算出岩石的弹性模量和泊松比。14315 运输巷原岩应力实测结果见表 2-8，并汇总在立体网格上，如图 2-8 所示。

表 2-8　14315 运输巷原岩应力实测结果

主应力	实测/MPa	仰角/(°)	方位角/(°)
σ_1	17.95	12	92
σ_2	12.84	68	296
σ_3	10.42	16	187
σ_v	13.30		

2. 原岩应力实测结果分析

实测共布置了 3 个原岩应力测点，原岩应力测量结果表明：最大主应力为水平应力，水平应力的方向为 43°~96°，水平应力大于垂直应力，最大水平应力、最小水平应力、垂直应力以及三者之间的关系见表 2-9。

表 2-9　原岩应力测量部分结果

地　点	σ_{hmax}/MPa	σ_{hmin}/MPa	σ_v/MPa	σ_{hmax}/σ_v
一采回风上山	18.73	11.12	12.19	1.54
东翼大巷	23.46	13.18	15.30	1.53
14315 运输巷	17.95	10.42	13.30	1.35

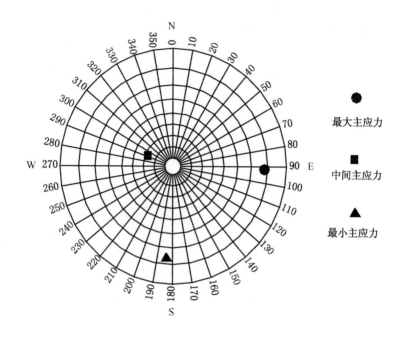

图 2 - 8　14315 运输巷主应力立体网格图

经综合分析，华丰煤矿原岩应力有如下特点：

（1）原岩应力场的最大主应力为水平应力，东翼采区最大水平应力的方向为 43°~50°，西翼采区最大水平应力的方向为 86°~96°。

（2）水平应力大于垂直应力，最大水平主应力为垂直应力的 1.35~1.54 倍，对井下岩层的变形破坏方式及矿压显现规律会有很大的影响。

（3）实测的最大水平主应力为最小水平主应力的 1.68~1.78 倍，水平应力对巷道掘进的影响具有明显的方向性。

2.2.3.3 协庄煤矿原岩应力实测与分析

1. 原岩应力现场实测

根据协庄煤矿生产要求和井下地质条件，本次测量共布置 2 个原岩应力测点，其位置分别在 1202 西回风巷和 1202 东运输巷，原岩应力测点的编号依次为测点 1、2，原岩应力测点所安装的应力传感器为 ANZI 型。

1) 1202 西回风巷原岩应力实测

在 1202 西回风巷中安装 ANZI 应力计进行原岩应力实测。在巷道一侧以仰角 53°打钻孔，钻孔深度 11.4 m 时安装应力计。测量编号为 ANZI1；岩体类型为粉砂岩，干燥；岩石性能为双轴率定弹性模量 34.6 MPa；泊松比为 0.35；实测结果可信度为在 5 个自由度上的相关系数为 1.00。

原岩应力传感器安装后经过 24 h 的固结作用再实施应力解除，解除过程应变测读仪的读数说明各应变片均工作正常。协庄煤矿 1202 西回风巷应力解除曲线如图 2-9 所示。

数据处理结果显示，ANZI 应力计的所有应变片的实测数据相关系数很高，测量结果可靠。1202 西回风巷原岩应力实测结果见表 2-10。

表 2-10　1202 西回风巷原岩应力实测结果

主应力	实测/MPa	仰角/(°)	方位角/(°)
σ_1	24.15	8	114
σ_2	11.85	38	210
σ_3	9.45	11	14
σ_v	10.62		

2) 1202 东运输巷原岩应力实测

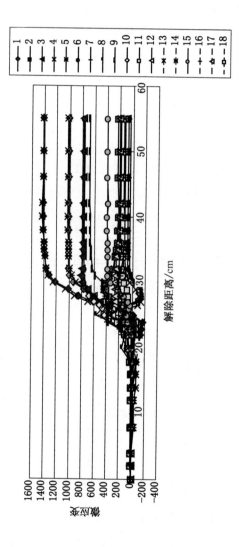

图 2 - 9　协庄煤矿 1202 西回风巷应力解除曲线

原岩应力传感器安装后经过 24 h 的固结作用再实施应力解除，解除过程应变测读仪的读数说明各应变片均工作正常。从轴向应变片应变曲线来看，钻进开始时各应变片的应变量均为零，随着钻进距离的增大，当接近应变片时，钻进进尺 16 ~ 23 cm 阶段，轴向应变片（第 1、2、3、4、5、6 号应变片）处于受压状态，应变值逐渐变小，在曲线上应变量表现为负值，当解除距离为 25 cm，岩芯筒钻过应变片所在位置时，轴向应变片的应变值陡然变大，在曲线上应变量由负值变为正值，应变片经历一个应力突然释放的过程，此后，随着解除距离的逐渐增加，各应变片的应变量趋于稳定，轴向应变片的应变变化与实际情况相符。

轴向及斜向应变片的应变量变化过程则表现为，钻进进尺 0 ~ 30 cm 阶段，应变量随着钻进距离的增大而增大，随后应变量随钻进距离增加而趋于稳定，直至应力解除工作完成。

协庄煤矿 1202 东运输巷应力解除曲线如图 2 - 10 所示。

1202 东运输巷原岩应力实测结果见表 2 - 11。

表 2 - 11　1202 东运输巷原岩应力实测结果

主应力	实测/MPa	仰角/(°)	方位角/(°)
σ_1	15.62	17.6	130.6
σ_2	11.86	42.9	254.8
σ_3	8.61	23.8	217.5
σ_v	11.76		

2. 协庄煤矿原岩应力实测分析

根据协庄煤矿矿井地质条件及采掘情况，在该矿布置了 2 个原岩应力测点，其位置均在一采区。通过对 2 个原岩应力测点的

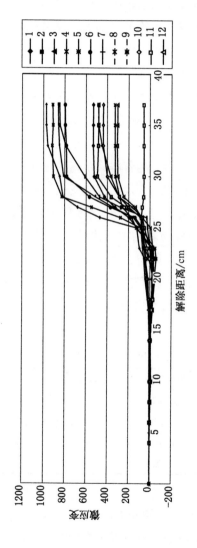

图 2 – 10　协庄煤矿 1202 东运输巷应力解除曲线

测量结果分析表明：最大主应力 σ_1 大小为 15.62 ~ 24.15 MPa，方位角为 114° ~ 130.6°；中间主应力 σ_2 大小为 11.85 MPa，方位角为 210° ~ 254°；最小主应力 σ_3 大小为 8.61 ~ 9.45 MPa，其方位分布较分散。

2 个测点的第一主应力均为最大水平主应力，最大水平主应力的值为 15.42 ~ 24.15 MPa。各测点的最大水平主应力大小及方向详见表 2 - 12。

表 2 - 12　各测点的最大水平主应力大小及方向

地　　点	1202 西回风巷	1202 东运输巷
最大水平主应力/MPa	24.15	15.62
方位角/(°)	114	130.6

2.3　潘西煤矿深井巷道次生应力实测

工作面回采后，引起顶板垮落及上覆岩层的移动，围岩的应力状态重新分布，围岩的力学性质如岩石的强度、层面的力学特性等，与未受采动前相比发生了根本性的变化，在采动影响范围内产生了塑性区、弹塑性区。次生应力是影响巷道稳定性的重要因素。因此，在新汶矿区进行了次生应力分布的实测和研究，以掌握岩体的应力状态。

2.3.1　次生应力实测技术

国内外学者均在开展次生应力分布的实测和研究，尤其是注重次生应力实测工作。只有对采动影响范围内的岩体应力进行实测，才能真正掌握岩体的应力状态，根据采动岩体的应力状态进行的支护设计才符合实际。

1. 次生应力实测的基本原理和方法

次生应力实测是通过在岩体内施工扰动钻孔，打破其原有的平衡状态，测量岩体因应力释放而产生的应变，通过其应力应变效应，间接测定次生应力。次生应力实测普遍采用钻孔应力解除法。

应力解除法的基本原理是，当一块岩石从受力作用的岩体中取出后，由于其岩石的弹性会发生膨胀变形，测量出应力解除后的此块岩石的三维膨胀变形，并通过现场弹模率定确定其弹性模量，则由线性胡克定律即可计算出应力解除前岩体中应力的大小和方向。应力解除原理如图 2－11 所示。

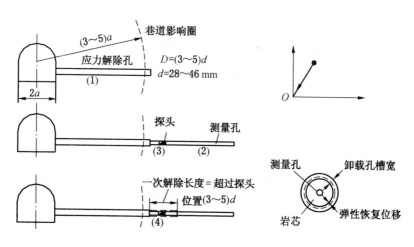

图 2－11　应力解除原理

2. 次生应力实测的基本过程

次生应力实测的基本过程如图 2－12 所示。一个标准的次生应力测量需要用三维应力计进行钻孔应力解除才能完成。

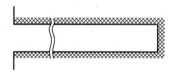

(a) 钻一个直径较大的导孔至应力测量深度

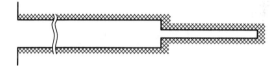

(b) 在钻孔底部钻一个小孔

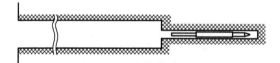

(c) 把应变传感器黏结在小孔的中间
位置，读取初始应变读数

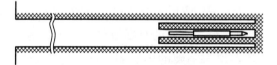

(d) 用岩芯套筒对内部黏有应变传感器
的一小段岩芯进行应力解除

(e) 取出岩芯，读取最终读数

图 2-12 次生应力实测的基本过程

一次成功的应力解除法测量包括在预定位置处的小直径钻孔中安装一个三维应力计，然后用金刚石岩芯筒把内部黏结着应力计的圆柱状岩芯取出来。取芯过程中，圆柱状岩芯中的次生应力被释放到零，与此同时岩体的应变由应力计测量出来。

把内部黏结着应力计的柱状岩体从钻孔中取出，然后将其插入弹模率定仪并对它施加压力，把岩石应变随压力变化的情况记录下来，即可确定出岩石刚度。

次生应力可通过应力解除过程中测得的应变和通过弹模率定仪测得的岩石刚度计算出来。

3. 次生应力测点布置的基本原则

为掌握次生应力的分布规律，描绘出垂直应力及水平应力在巷道横断面方向的分布曲线，应在采空区影响的范围内尽量均匀布设测点。为使各测点的应力具有可对比性，各测点应布置在同一岩层中，至少有一个测点布置在受采空区影响范围以外。

2.3.2　4196 工作面轨道巷次生应力测点布置

1. 煤层赋存条件

4196 工作面开采的煤层为 19 号煤层，煤层平均厚度为 2.55 m，稳定可采，局部夹矸，夹矸的厚度为 0.05 ~ 0.1 m。煤层直接顶为粉砂岩，基本顶为坚硬的中砂岩，煤层底板为砂质黏土岩。4196 工作面煤岩层综合柱状图如图 2 – 13 所示。

2. 次生应力测点布置

次生应力实测点布置在 4196 工作面轨道巷内，测点具体位置如图 2 – 14 所示。该点巷道埋深为 896.9 m，19 号煤层厚度为 2.55 m，直接顶为厚度 6.5 m 的粉砂岩，基本顶为中砂岩，应力传感器安装在煤层直接顶粉砂岩岩层内。

按照次生应力实测设计，在回风巷的沿空侧和实体煤侧布置

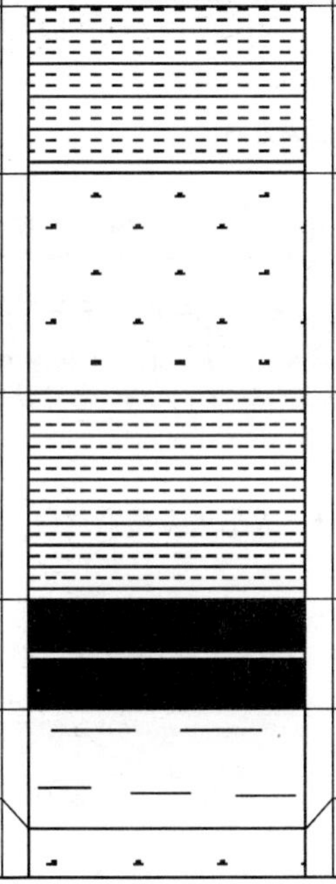

名称	厚度/m	柱状示意图	岩性描述
粉细砂岩	6.0		灰色,坚硬致密
中砂岩	19		灰至灰白色钙质胶结,坚硬
粉砂岩	6.5		钙质或泥质胶结层理发育,易垮落
19号煤层	2.55		半亮型煤局部含夹矸0.05~0.1 m
砂质黏土岩	3.6		灰色到褐色,遇水膨胀
细砂岩	1.4		灰色,坚硬,致密

图 2-13　4196 工作面煤岩层综合柱状图

了 3 个次生应力实测点,现场实测过程中,由于沿空侧钻孔的施工较困难,对原设计的原岩应力钻孔位置进行了调整,实际安装的 3 个实测应力传感器,编号分别为 HI1、HI2 和 HI3。4196 工作面轨道巷次生应力实测设计布置如图 2-15 所示。

2.3.3　次生应力实测结果及分析

4196 工作面轨道巷次生应力测点均经过应力传感器的安装、解除和率定试验过程,完成 3 个次生应力的实测工作。按照测点

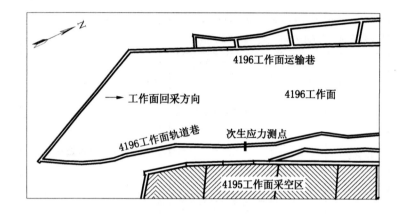

图 2 - 14　次生应力测点的布置

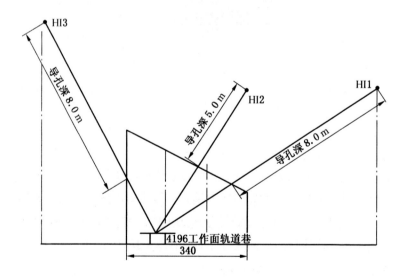

图 2 - 15　4196 工作面轨道巷次生应力实测传感器布置图

距 4195 工作面采空区由远而近进行编号，3 个次生应力测点的编号分别为 HI1、HI2 和 HI3。

2.3.3.1 HI1 应力传感器测量结果

1. 测量方法

在实体煤一侧以 30°仰角施工直径为 108 mm 的导向孔，导向孔深度至 8.0 m 时变换钻头施工变径孔，变径孔深度为 20 cm，最后施工应力传感器安装孔，即 E 型孔，传感器安装的深度为 8.5 m。

巷道围岩受到采动破坏，根据 E 型孔岩芯完整情况，HI1 应力传感器安装在孔深 8.5 m 处，采用黏结的方法安装应力计。黏结剂固化约 12 h 后，首先使用应力计测读仪对安装在岩体中的应力计应变片进行试验。通过试验，应变片工作正常。随后实施套芯应力解除，从应力解除过程来看，12 个应变片工作正常。图 2 – 16 所示为潘西煤矿 4196 工作面轨道巷 HI1 应力计应变解除曲线。

2. 测量结果

根据岩体的应变来计算原岩应力的大小和方向，岩体内任一点应力分量为 6 个。因此，只要有 6 个不同方向布置的应变片的应变数据即可建立应力应变方程组，计算出岩体的三维应力。HI1 应力计的 12 个应变片工作正常，可通过应变片的多种不同组合来相互验证计算结果，从而获得最可靠的测量结果。

从轴向应变片应变曲线（图 2 – 17）来看，钻进开始时各应变片的应变量均为零，随着钻进距离的增大，当接近应变片，解除距离至 28 cm 时，轴向应变片（第 1、2、3、4、5、6 号应变片）处于受压状态，应变值逐渐变小，在曲线上应变量表现为负值，其中 5 号应变片应变量达到 719 μs；当解除距离为 48 cm，

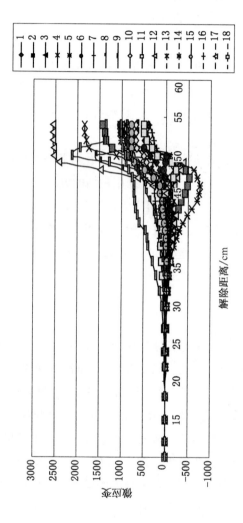

图 2 - 16 潘西煤矿 4196 工作面轨道巷 HI1 应力计应变解除曲线

岩芯筒钻过应变片所在位置时，轴向应变片的应变值陡然变大，在曲线上应变量由负值变为正值，应变片经历一个应力突然释放的过程。此后，随着解除距离的逐渐增加，各应变片的应变量趋于稳定，轴向应变片的应变变化与实际情况相符。

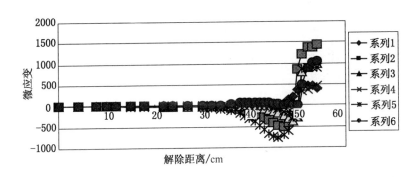

图 2 - 17　潘西煤矿 4196 工作面轨道巷 HI1 应力计轴向应变曲线

轴向及斜向应变片的应变量变化过程则表现为应变量随着钻进距离的增大而增大，钻进至 46 cm 后应变量突然增大，钻进至 48 cm 时应变量达到最大，随后应变量逐步趋于稳定。

应力解除后立即对套取出的岩心进行弹模率定试验，经过两个加载和卸载循环试验，岩芯应变重复性良好，得到了比较理想的双轴率定曲线。

应用套取岩芯得到的应力解除曲线和现场岩芯的率定试验曲线以及有关数据资料，使用专用原岩应力数据处理软件对测量数据进行处理，计算结果表明，各种不同组合的应变片数据相关系数是 0.975，测量结果可信度较高。

HI1 应力传感器实测结果见表 2 - 13。

表 2 - 13　HI1 应力传感器实测结果

主应力	实测/MPa	仰角/(°)	方位角/(°)
σ_1	25.4	26	102
σ_2	17.7	67	324
σ_3	11.5	27	36
σ_v	20.2		

2.3.3.2　HI2 应力传感器测量结果

1. 测量方法

在轨道巷的西帮以 51°仰角施工直径为 108 mm 的导向孔，导向孔深度至 5.0 m 时变换钻头施工变径孔，变径孔深度为 21 cm，最后施工应力传感器安装孔，即 E 型孔，传感器安装的深度为 5.5 m。传感器安装后 10 h 成功进行了应力解除，应力解除表明 12 个应变片均工作正常。

2. 应力解除结果

应用套取岩芯得到的应力解除曲线和现场岩芯的率定试验曲线以及有关数据资料，对测量数据进行处理，计算结果表明，各种不同组合的应变片数据相关系数是 0.936，测量结果可信度较高。

HI2 应力传感器实测结果见表 2 - 14。

表 2 - 14　HI2 应力传感器实测结果

主应力	实测/MPa	仰角/(°)	方位角/(°)
σ_1	27.1	81	21
σ_2	16.5	58	154
σ_3	13.5	14	117
σ_v	23.2		

2.3.3.3 HI3 应力传感器测量结果

安装应力传感器的导孔以 63°仰角进行施工，钻进至 8.0 m 时停止，随即在导孔的孔底使用成型钻头施工变径孔，最后施工传感器的安装孔。将安装孔清洗干净，让其自然干燥后安装应力传感器。经过 12 h 的固结后，对其进行应力解除。

从轴向应变片应变曲线来看，钻进开始时各应变片的应变量均为零，随着钻进距离的增大，当接近应变片时，即解除距离至 25 cm 时，轴向应变片（第 1、2、3、4、5、6 号应变片）处于受压状态，应变值逐渐变小，在曲线上应变量表现为负值；当解除距离为 30 cm，岩芯筒钻过应变片所在位置时，轴向应变片的应变值陡然变大，在曲线上应变量由负值变为正值，应变片经历一个应力突然释放的过程。此后，随着解除距离的逐渐增加，各应变片的应变量趋于稳定，轴向应变片的应变变化与实际情况相符。

轴向及斜向应变片的应变量变化过程则表现为应变量随着钻进距离的增大而增大，钻进至 30 cm 后应变量突然增大，钻进至 35 cm 时应变量达到最大，随后应变量逐步趋于稳定。

应用套取岩芯得到应力解除曲线和现场岩芯的率定试验曲线以及有关数据资料，对测量数据进行处理，计算结果表明，各种不同组合的应变片数据相关系数是 0.918，测量结果可信度较高。

HI3 应力传感器实测结果见表 2-15。

2.3.3.4 次生应力实测结果及分析

为掌握巷道次生应力的分布规律，特别是垂直应力的分布状况，在 4196 工作面南部轨道巷布置了 3 个次生应力测点（图 2-14），测点 HI1、HI2、HI3 距 4196 工作面采空区的水平距离分别

表 2 - 15　HI3 应力传感器实测结果

主应力	实测/MPa	仰角/(°)	方位角/(°)
σ_1	29.46	83	46
σ_2	18.06	6	295
σ_3	9.78	16	204
σ_v	28.70		

为 25.43 m、19.65 m 和 17.9 m，应力传感器均布置在煤层顶板以上的粉砂岩地层中，确保了各个测点所测量的应力具有可对比性。

1. 次生应力分布

实测结果表明，测点 HI1 最大主应力为 25.4 MPa，且为水平应力，最小主应力为 11.5 MPa，垂直应力为 20.2 MPa，从该点应力大小和方向分布来看，应力释放不明显，受采空区的影响较小；测点 HI2 最大主应力为 27.1 MPa，从其倾角大小来看，最大主应力接近垂直应力，最小主应力为 13.5 MPa，从其倾角大小看，最小主应力近为水平应力；测点 HI3 最大主应力为 29.46 MPa，最小主应力为 9.78 MPa。为详细了解和掌握巷道周围次生应力的分布规律，可应用有关软件建立巷道力学模型，通过力学模型计算出巷道次生应力分布曲线的函数方程式，以计算各点的应力大小和方向。

2. 垂直应力分布

为分析 4195 工作面采空区至 4196 工作面实体煤范围内的支承压力分布和掌握支承压力的峰值位置，将实体煤一侧的垂直应力实测结果汇总于表 2 - 16 中。

从实测结果来看，自采空区至实体煤 25.43 m 范围内，垂直应力随距采空区距离的增大而减小,垂直应力最大值为 28. 70 MPa,从其大小和倾角分析,该垂直应力已接近垂直应力的峰值位置。可以肯定的是,垂直应力的峰值位置距采空区的距离不大于 17. 90 m。测点 1 的垂直应力为 20. 20 MPa,已接近正常的垂直应力(通过静水压力计算,此处的垂直应力约为 21. 5 MPa)。

表 2 – 16   垂直应力实测结果

测点编号	距 4195 采空区距离/m	自巷道顶板向上高度/m	垂直应力/MPa
测点 1	25. 43	4. 00	20. 20
测点 2	19. 65	3. 88	23. 20
测点 3	17. 90	4. 62	28. 70

根据上述 3 个测点的三维应力分布,利用 FLAC 3D 软件建立该巷道的地质力学模型,以准确确定采空区至测点 3 之间的垂直应力分布。通过计算得垂直应力的峰值位置距采空区 16. 2 m,其值大小为 29. 5 MPa,倾角为 87°。

根据测量结果和模拟计算结果绘制垂直应力在测量断面的分布图,如图 2 – 18 所示。

从图 2 – 18 中可以看出,在距采空区的距离 0 ~ 16. 20 m 范围内,垂直应力随距采空区的距离增加而逐渐增大。距采空区的距离 0 ~ 5. 20 m,垂直应力增加较缓慢,而距采空区的距离 5. 2 m 以后,垂直应力增加幅度较大;在距采空区 16. 20 m 处,垂直应力达到最大,其峰值大小为 31. 1 MPa。由采动影响引起的应力集中系数为 1. 4,应力集中现象明显;距采空区的距离 16. 20 m 以外,垂直应力随距离的增加而逐渐减小,在距采空区 25. 43 m 处,垂直应力已接近正常的垂直应力。通过次生应力的测量,毗

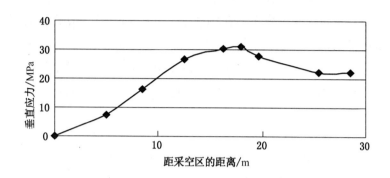

图 2 - 18   垂直应力在测量断面的分布图

临 4195 采空区煤体一侧垂直应力的分布具有以下特征：0 ~ 16.20 m 为应力的增高区，16.20 ~ 25.43 m 为应力的降低区，25.43 m 以后为应力的正常区。

2.4   本章小结

通过现场测试原岩应力和次生应力，对新汶矿区深部的地质条件、地应力分布、巷道围岩强度和围岩的节理裂隙分布有了比较详细的了解并取得了以下主要成果：

（1）新汶矿区存在两种地应力场。第一种，服从地应力分布规律，即深部地应力以垂直应力为主，测区位于潘西矿附近；第二种，与地应力分布规律相反，即矿井深度超过 1000 m，仍以水平应力为主，测区位于华丰、协庄附近。

（2）新汶矿区深部地应力测量结果表明，78% 的测点最大水平主应力大于垂直应力；最大水平主应力高达 42.1 MPa；最大水平主应力与垂直主应力的比值在 1.06 ~ 1.65 之间；超千米深井地应力主要以水平应力为主。

（3）潘西矿次生应力监测表明，受采动影响，对巷道稳定性影响最大的主应力为水平主应力。

（4）从3个矿的围岩强度测试结果来看，协庄煤矿煤的平均单轴抗压强度集中在11.2～18.2MPa之间，3个测站表明煤的平均强度最小为12.1MPa，最大为16.4MPa；华丰煤矿煤的平均单轴抗压强度集中在10.8～13.4MPa之间，最小为4.5MPa，最大为15.8MPa；潘西煤矿煤的平均单轴抗压强度集中在8.2～10.5MPa之间，最小为6.5MPa，最大为12.6MPa。

3　深井巷道围岩稳定性相似材料
模拟试验研究

深井巷道围岩破坏研究的方法一般有现场实测、物理模拟、数值模拟及数学力学分析。实测方法所花费的人力、物力较大，需要的时间也较长，同时受观测条件限制，所得资料有局限性，并且对其运动破坏过程的观测更为困难。有限元、数值解析法等数值模拟方法，计算过程严密、速度快，不受现场条件约束，但对于非线性、大变形、非连续介质方面，由于岩体物理属性的确定、参数选择存在一定困难，特别是在一些边界条件的给定上达到合理、准确比较困难，其结果往往并不理想。而巷道在开挖后，围岩运动变化、破坏规律的研究，尤其是涉及弹塑性、破碎、垮落以及多种物理过程的岩体力学问题，相似材料模拟试验可以针对特殊问题进行研究并获得有价值的成果，是解决此类问题的有效方法之一。

3.1　试验概况

相似材料模拟研究是在实验室利用相似材料，依据现场煤（岩）性质及其结构组成，按照相似理论和相似准则，制作与现场相似的模型，然后进行模拟开采。在模拟开采过程中连续监测围岩破坏情况以及由此而引起的围岩应力分布变化情况，最终根据模型模拟结果，利用相似准则求算或反推该条件下现场实际开采过程中的相应现象及规律，从而达到为现场研究提供依据或实现对现场研究成果验证的目的。

3.1.1 研究内容和目标

本次相似材料模拟试验采用多种测试手段，布置了足够密集的巷道变形、破坏的观测网格和测点，对模型开采中巷道围岩各种变形和破坏形式进行全面、系统的观测和实时记录，并进行归纳分析，寻求受采动影响和垂直地应力影响的深井巷道围岩非连续变形破坏特征及演化规律；根据模型中埋设的应力传感器分析得到巷道围岩支撑压力的变化特征，进一步寻求围岩破坏的演化特征及支承压力的对应关系。

3.1.2 模型制作

模型以新汶矿业（集团）公司潘西煤矿 7191 工作面中厚煤层综采条件为原型，研究随采场推进巷道破坏特征及发展规律，采用平面模型，模型共铺设岩层 8 层，覆岩构成见表 3 - 1。表 3 - 2 列出了所选择的模型材料配比及各岩层铺设层次。

模型应满足几何相似、时间相似、比重相似、弹模与强度相似等基本相似条件，具体相似参数：①几何相似比 1∶20；②时间相似比 1∶4.47；③比重相似比 1∶1.5；④弹模与强度相似比 1∶30。走向开采模型尺寸为 3.0 m×0.4 m×2.0 m。

模型材料采用石膏加填料，同时加入碳酸钙，填料为砂，各分层间撒云母片起分层作用，厚度较大的同一岩层分次铺压不加云母片与层间界面区分。模型照片如图 3 - 1 所示。图 3 - 2 至图 3 - 4 所示为模型的应力数据采集系统、加压系统、应力传感器测点布置图。表 3 - 3 为应力传感器与接收器编号对照表。

巷道位移变形监测采用江苏省溧阳市仪表厂生产的 YHD - 20 型位移计，对巷道顶底板和两帮变形进行实时监测。巷道初

表 3 - 1 现场条件与模型参数对比表

岩层序号	岩性	分岩层厚度		岩层强度		煤层上部累计厚度	
		真厚度/m	模型厚度/cm	真强度/MPa	模型强度/kPa	真厚度/m	模型累计厚度/cm
R8	中细砂岩	2.5	12.5	55	183.3	36.1	180.5
R7	砂质泥岩	2.0	10	32	106.7	33.6	168
R6	细砂岩	8.5	42.5	40	133.3	31.6	158
R5	中砂岩	2.8	14.0	50	166.7	21.1	105.5
R4	粉砂岩	5.8	29.0	35	116.7	18.3	91.5
R3	泥质岩	6.5	32.5	25	83.3	12.5	62.5
R2	细粉砂岩	2.8	14.0	45	150	6.0	30.0
R1	粉砂岩	3.2	16.0	35	116.7	3.2	16
M	19号煤层	2.6	13.0	16	53.36	0	0
F1	砂质黏土岩	3.6	18.0	30	100	0	0
F2	细砂岩	1.4	7.0	50	166.7	0	0

表 3 - 2　模型材料配比及各岩层铺设层次

层号	岩性	层厚/cm	累厚/cm	配比号	体积质量/(t·m⁻³)	砂子/kg	碳酸钙/kg	石膏/kg	水/kg	分层厚/cm	重复次数
R8	中细砂岩	12.5	170.5	446	1.6	189	16.8	25.2	28.9	6.25	2
R7	砂质泥岩	10	158	664	1.55	160	13.95	9.3	23.1	5	2
R6	细砂岩	42.5	148	455	1.6	642.6	71.4	71.4	99.6	5.3	8
R5	中砂岩	14.0	105.5	437	1.6	211.7	14.2	32.9	32.4	7	2
R4	粉砂岩	29.0	91.5	464	1.6	438.5	58.5	39	67	4.2	7
R3	泥质岩	32.5	62.5	737	1.55	554.8	21.2	49.4	78.2	4.6	7
R2	细粉砂岩	14.0	30.0	446	1.6	211.7	18.9	28.3	32.4	4.7	3
R1	粉砂岩	16.0	16	464	1.6	241.9	32.3	21.5	37.1	5.4	3
M	19号煤层	13.0	0	673	1.4	240.6	24.9	10.7	34.5	4.5	3
F1	砂质黏土岩	18.0	0	773	1.55	288.4	25.7	10.9	40.6	4.5	4
F2	细砂岩	7.0	0	437	1.6	105.8	7.1	16.5	16.2	3.5	2

图 3-1 相似材料模拟模型照片

图 3-2 应力数据采集系统

图 3 - 3   加压系统

表 3 - 3   应力传感器与接收器编号对照表

传感器编号	248	237	193	211	191	192	220
接收器编号	1 - 1	1 - 2	1 - 3	1 - 4	1 - 5	1 - 6	1 - 7
传感器编号	131	185	225	128	170	251	26
接收器编号	1 - 8	1 - 9	1 - 10	1 - 11	1 - 12	1 - 13	1 - 14

始断面如图 3 - 5 所示。

3.1.3 加载过程

　　回采巷道从开掘到废弃的整个过程要经历掘进、工作面采动等工序的影响阶段，各工序的影响将会带来围岩的约束及载荷条件的复杂变化，从而造成矿压显现及稳定性特征差异。运用数值模拟完全准确地反映这些特征变化存在着很多困难。然而，根据巷道围岩矿压理论和基本原理分析可知，采、掘活动在巷道围岩中所产生的最主要的影响是支承压力或应力场的重新分布。对于

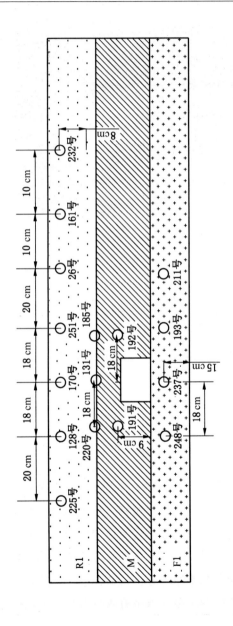

图 3 - 4 应力传感器测点布置图

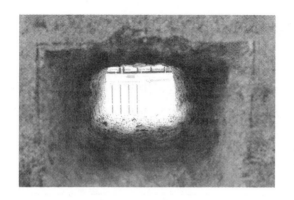

图 3-5　巷道初始断面图

一定范围的围岩来说，这种效应等效于载荷的增加。因此，本章在研究过程中用载荷的增加来模拟各种采掘活动，用载荷增加所产生的力学效应模拟采掘活动在巷道围岩中所产生的力学效应。根据应力相似理论，计算模型外加载荷为 12 MPa，采用稳压分级加载系统分步加载，加载分级表见表 3-4。

表 3-4　加 载 分 级 表

加载序号	加载千斤顶编号与载荷/MPa					
	1	2	3	4	5	6
1	2.0	2.0	2.0	2.0	2.0	2.0
2	4.0	4.0	4.0	4.0	4.0	4.0
3	6.0	6.0	6.0	6.0	6.0	6.0
4	8.0	8.0	8.0	8.0	8.0	8.0
5	10.0	10.0	10.0	10.0	10.0	10.0
6	12.0	12.0	12.0	12.0	12.0	12.0

3.2　试验数据分析

3.2.1　应力分析

图 3 - 6 和图 3 - 7 所示为物理模拟试验得出的巷道两帮中的应力分布情况。图 3 - 8 和图 3 - 9 所示为巷道顶板中的应力分布情况。

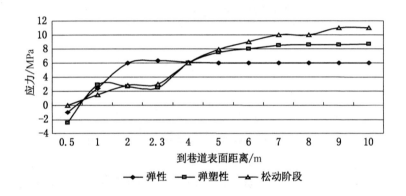

图 3 - 6　巷道两帮中的水平应力分布曲线图

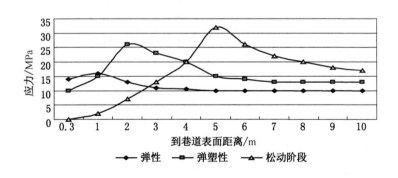

图 3 - 7　巷道两帮中的垂直应力分布曲线图

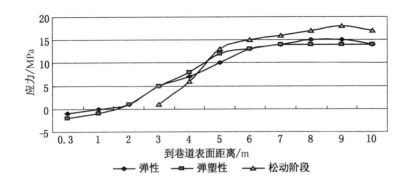

图 3-8　巷道顶板中的垂直应力分布曲线图

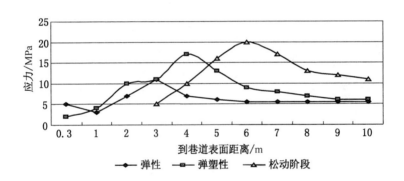

图 3-9　巷道顶板中的水平应力分布曲线图

由图 3-6 和图 3-7 可以看出：围岩中水平应力随采动影响的加剧应力逐渐增大，且在弹性及弹塑性阶段，靠近巷道表面的位置出现了一定范围的水平拉应力区；弹塑性区的水平应力也不是随深度的增加而增加，而是呈现一定的波动性，这是由垂直应力引起的水平膨胀变形的非均匀性造成的；弹性区垂直应力的峰值点不在巷道表面，而是在距表面约 1 m 的范围内。

由图 3 - 8 和图 3 - 9 可以看出，顶板岩层处于弹性及弹塑性变形阶段时，靠近巷道表面的位置存在一定范围的垂直拉应力区，而且一定范围的压应力区围岩的水平应力要小，顶板中水平应力的最大值不出现在巷道表面位置；围岩进入松动区后，顶板岩层形成了自然垮落拱，此范围内岩层中的应力得到释放。

图 3 - 10 和图 3 - 11 所示为不同位置的应力随不同载荷的变化情况。

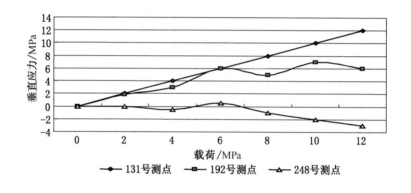

图 3 - 10　测点垂直应力分布曲线图

从图 3 - 10 和图 3 - 11 中可以看出，深部测点的水平应力和垂直应力均逐步增加，表现为弹性状态围岩的特征；浅部测点的水平应力和垂直应力则出现了一定的波动性，表现为弹塑性状态及松动状态围岩变化的特征，甚至出现了拉、压交替的现象。

以上结果表明，在特定载荷作用下的巷道围岩可按其中的应力特征将其分为拉伸区和压缩区，随着载荷的增加，拉、压区域的大小及位置均会发生相应的变化。

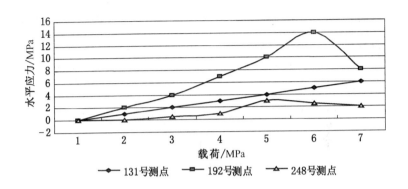

图 3 - 11   测点水平应力分布曲线图

3.2.2   位移及破坏特征分析

图 3 - 12 和图 3 - 13 所示为巷道围岩的位移分布曲线图。

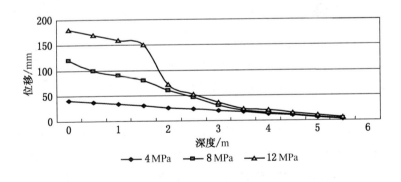

图 3 - 12   顶板位移曲线图

由图 3 - 12 和图 3 - 13 可知，围岩发生破坏之前位移量很小，载荷集度达到约 8 MPa 时顶板发生破裂，破裂面为拱形，高

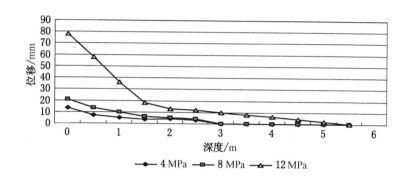

图 3 – 13　两帮位移曲线图

度约为 1.2 m；载荷集度达到约 12 MPa 时，在两帮约 0.4 m 深处发生破裂，同时顶板产生新的拱形破裂面，高度约为 1.9 m，而且两帮破裂面与顶板新破裂面平滑连接，形成一个整体拱形破裂面，并且拱形破裂面以下的顶板岩体发生垮落。可见，围岩的破坏具有以下几个阶段性特征：

（1）两帮破坏前的顶板初次拱形破坏阶段。拱形破裂面的跨度略大于巷道宽，拱形破裂面以下的岩体并未垮落。断面破坏形状如图 3 – 14 所示。

（2）顶板初次破坏后的两帮破坏阶段。随着载荷的增加，两帮表面附近的应力也不断升高，达到极限时即发生破裂，破裂面也近似为拱形，断面形状如图 3 – 15 所示。

（3）两帮破坏后的顶板二次破坏阶段。两帮的破坏导致其压缩变形量的增加及承载能力的减小，使顶板在相应部位所受的支撑发生衰减，这在一定程度上相当于顶板悬露跨度的增加。当这种支撑的衰减发展到一定程度时，顶板会再次发生破坏，形成

图 3 - 14 顶板初次破坏断面形状

图 3 - 15 两帮破坏断面形状

一个更大的拱形破裂面，且该拱形破裂面与两帮拱形破裂面光滑衔接，形成一个整体拱形破裂面，但由于已破坏岩体间的相互挤压可使其形成暂时的平衡结构，所以强度破坏后围岩并不一定发生即时垮落，但这种平衡结构所能维持的时间很短。

（4）已破坏岩体的垮落阶段。随着围岩变形的进一步发展，破坏围岩的平衡即将打破，顶板垮落及两帮垮落也将随之发生，断面形状图如图 3 - 16 所示。

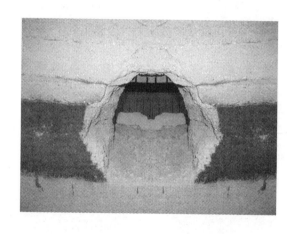

图 3 - 16　围岩破坏垮落断面形状

（5）拱形破裂面以外围岩的破坏阶段。不同形状巷道围岩具有不同的应力分布规律及稳定性特征，整体拱形破裂面的形成过程就是巷道断面形状的自然优化过程，即产生整体拱形破裂面之后，其外部岩体将形成最稳定的断面形状（应力集中系数最小）。此时若载荷继续增加，则拱形破裂面以外的岩体也会因应力升高而发生破坏并垮落，而且一旦这种垮落发生，就将持续到巷道断面被完全充填为止。

3.2.3 稳定性特征分析

试验结果表明，无支护巷道围岩发生强度破坏后也有形成平衡结构的可能，但这种平衡结构的形成具有极大的偶然性和不可靠性，且所能持续的时间较短，所能经受的载荷增加量也较小，因此可以近似认为强度破坏后无支护巷道围岩的承载能力已全部丧失，尤其是顶板岩层，由于自重作用，发生强度破坏后大多将会随之发生垮落。因此，对于无支护巷道来说，强度破坏意味着失稳。

3.3 本章小结

通过对深井巷道围岩变形破坏的物理模拟研究，可得到如下认识：

（1）深部采场围岩中水平应力和垂直应力随采动影响的加剧逐渐增大。由于垂直应力引起的水平膨胀变形的非均匀性，水平应力不是随深度的增加而增加，而是呈现一定的波动性；垂直应力的峰值点不在巷道表面，而是在距表面约 1 m 的范围内。

（2）围岩发生破坏之前位移量很小，当载荷集度达到约 8 MPa 时顶板发生破裂，破裂面为拱形，高度约为 1.2 m；载荷集度达到约 12 MPa 时，在两帮约 0.4 m 深处发生破裂，同时顶板产生新的拱形破裂面，高度约为 1.9 m，形成一个整体拱形破裂面，并且拱形破裂面以下的顶板岩体发生垮落。

（3）无支护巷道围岩的破坏和失稳可近似认为是同步发生的。试验结果表明，无支护巷道围岩顶板及两帮发生强度破坏及产生破碎区后，由破碎岩石所形成的平衡结构具有稳定性差、可持续时间短等特征。

（4）围岩的破坏及失稳具有阶段性特征。从两帮破坏前的顶板初次拱形破坏阶段到顶板初次破坏后的两帮破坏阶段，再发展到两帮破坏后的顶板二次破坏阶段，形成一个整体拱形破裂面到拱形破裂面以外围岩的破坏阶段。

（5）无支护巷道围岩强度破坏过程是一个稳定断面形状的自然优化过程。无支护或可用支护条件下，强度破坏的结果都将使破坏区以外的围岩内边界形成最稳定的断面形状，即拱形断面。

4 深井巷道围岩变形破坏数值模拟研究

4.1 概述

矿井的开采逐渐向深部发展，相应的围岩应力也更为突出[75]，矿井深部的地质条件更为复杂，并且常常伴随着突出瓦斯及冲击地压的危险，使得围岩应力的分布变得异常复杂且矿压的显现也较为异常，给巷道的支护和后期的维护带来很大困难，严重影响了矿井的安全开采。为探明深部巷道围岩应力的分布规律和围岩的破坏机理，需要对多元应力作用下的深部巷道进行不同应力场状态下的数值模拟[76]。

4.1.1 计算机数值模拟软件的选用

这次进行数值模拟所要建立的模型较多，对模拟的结果需要进行不同形式的分析和比较，在此选用 FLAC 3D 软件进行数值模拟。

FLAC 3D（Fast Lagrangian Analysis of Continua）软件是目前比较先进的大型岩土分析软件。它可以研究巷道围岩中的应力分布状态以及锚杆支护参数与巷道围岩变形之间的关系等。该软件是一种用于工程力学计算的显式有限差分程序，该程序可以模拟土、岩石等材料的力学行为，程序采用了显式拉格朗日算法及混合离散划分单元技术，程序内部含有多个基本的力学模型，如摩尔－库仑模型、应变软化/硬化模型、节理模型及双屈服模型等，用于模拟高度非线性等地质材料的变形。

另外，FLAC 3D 软件中含有的界面单元可以模拟岩层中的不连续面，如断层、节理和层理等滑动和离层；FLAC 3D 软件中含有梁、锚杆、桩及支柱单元，可以模拟各种支护构件，其中锚杆单元为一维轴向单元，在一定的拉力作用下会屈服。锚杆的锚固方式可以是端锚、全长锚固或任意长度锚固，该单元还可以施加预紧力，很适合锚杆支护的研究；它内部还有一种可以编程的 FISH 语言，用户可以用它编制自己的函数、变量，甚至引入自定义的力学模型，扩大程序的使用范围和灵活性；FLAC 3D 软件还具有强大的前处理和后处理功能，数值的输入和输出结果的可视化程度比较高。

4.1.2　数值模拟模型的特点

数值模拟的模型是根据潘西煤矿的资料以 – 980 m 深处巷道为原型，建立数值模拟的模型。物理模型定为弹塑性模型，塑性屈服准则选用 Mohr – Coulomb 准则。

（1）模型断面取矩形断面进行数值模拟。

（2）巷道在不同侧压系数情况下进行模拟。

（3）模型上边界加载，水平应力根据分析问题的具体要求通过改变侧压系数的方式进行施加。

（4）层位移参数通过正算位移反分析法求得。

（5）用阶段分析法先模拟初始应力的情况，再在此前提下开挖巷道进行巷道的支护。

4.1.3　求解过程

FLAC 3D 软件显式快速拉格朗日计算原理如图 4 – 1 所示。FLAC 3D 软件的求解方法是显式拉格朗日有限差分法。连续介质快速拉格朗日法是基于显式差分法来求解偏微分方程，将计算区域划分为差分网格后，对某一节点施加载荷，该节点的运动方程可以写成时间步长 Δt 的有限差分形式，在某一个微小的时段内，作用在该节点的载荷只对周围的若干节点有影响，根据单元节点的速度变化和时段 Δt 可以求出单元之间的相对位移，进而求出单元应变；再由单元材料的本构方程求单元应力，随着时段的增长，这一过程将扩展到整个计算范围，直到边界；计算得到单元之间的不平衡力，将此不平衡力重新加到各节点上，再进行下一步的迭代运算，直到不平衡力足够小或者各节点的位移趋于平衡为止。求解过程中若某一时刻各个节点的速度已知，则根据高斯（Gauss）定理可求得单元的应变率，然后根据材料的本构方程就可求得单元新的应力。

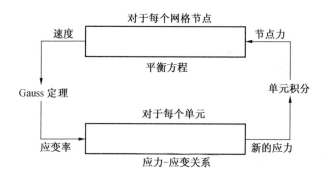

图 4-1 FLAC 3D 软件显式快速拉格朗日计算原理

4.1.4 煤岩物性参数的获取及试验结果分析

1. 煤岩物性参数的试验室测定

潘西煤矿煤、岩样品采集表见表 4-1。

根据试验室条件和煤、岩样情况，采用棱柱体试件，严格按照中华人民共和国原煤炭工业部标准《煤和岩石物理力学性质测

表4-1　潘西煤矿煤、岩样品采集表

序号	所在层位	岩样名称	采样地点	所需试验	试件块数
1		泥岩	-900 m 水平		4
2	19 号煤层顶板	粉砂岩	-900 m 水平		3
3		中砂岩	-890 m 水平		3
4	19 号煤层	煤层	-900 m 水平	常规	3
5	19 号煤层直接底	泥岩	-900 m 水平		2
6	19 号煤层基本底	细砂岩	-900 m 水平		2

注：常规试验包括抗拉、抗剪、抗压试验，并求得弹性模量和视密度。

定的采样一般规定》（MT 38—1987）要求切割而成。每种状态下同一层岩石试件数量一般不少于 3 块，各种标准试件规格如下：

（1）抗压强度试验试件：长方体采用长、宽、高为 5 cm × 5 cm × 10 cm。

（2）抗剪强度试验试件：正方体采用长、宽、高为 5 cm × 5 cm × 5 cm。

（3）抗拉强度试验试件：标准试件采用长方体，边长×边长×厚度为 5 cm × 5 cm × 2.5 cm。

潘西煤矿煤、岩物理力学参数测试结果见表 4-2。

2. 试验结果分析

从表 4-2 潘西煤矿煤、岩物理力学参数测试结果来看，煤层顶底板岩石单轴抗压强度在 30 ~ 100 MPa 之间，最低的岩石强度为 19 号煤层顶、底板的泥岩，强度大小为 30.69 MPa，最高的岩体单轴抗压强度为 19 号煤层顶板的中砂岩，强度大小为 95.62 MPa，其余大部分岩石的单轴抗压强度在 30 ~ 80 MPa

表 4－2　潘西煤矿煤、岩物理力学参数测试结果

岩石层位	岩 性	视密度 d/ (g·cm⁻³)	抗拉强度/ MPa	抗压强度/ MPa	凝聚力 C/MPa	内摩擦角 φ/ (°)	弹性模量 E/ 10⁴ MPa	泊松比 μ
19 号煤层顶板	泥岩	2.71	0.7427	34.57	3.56	28	1.18	0.31
	粉砂岩	2.73	2.4147	78.50	8.60	36.71	3.18	0.20
	中砂岩	2.95	1.6412	95.62	6.20	45.30	4.45	0.11
19 号煤层	煤层	2.35	0.0977	8.19	1.08	25.65	0.95	0.36
19 号煤层底板	泥岩	2.25	0.6587	30.69	3.58	23	1.25	0.35
19 号煤层底板	细砂岩	2.70	1.3663	82.12	6.65	43.23	3.65	0.15

注：采样点为潘西煤矿－900 m 水平轨道石门；测试时间为 2006 年 6 月。

之间。

4.2 数值模型的建立

　　本次数值模型主要考虑采动和不同侧压系数对巷道变形的影响。巷道断面为矩形，尺寸为宽×高＝3 m×3 m；模型大小为长×宽×高＝30 m×30 m×30 m，21600 个单元，24087 个节点。

　　以试验测得的 19 号煤层顶、底板各项力学指标为参考，以地质资料报告关于各岩层性质和间距为准，建立模型进行数值模拟，探讨其围岩变形特点和破坏机理。由于 19 号煤层岩层倾角近水平，所以模型定为水平分层，六面体单元，巷道预开挖位置设置在模型的中心部位，巷道为煤巷，模型的边界条件为位移边界条件，即底边界、左右边界固定，初始条件为垂直应力作用在模型顶部，屈服准则取摩尔－库仑准则，数值模拟模型如图 4 - 2 所示。

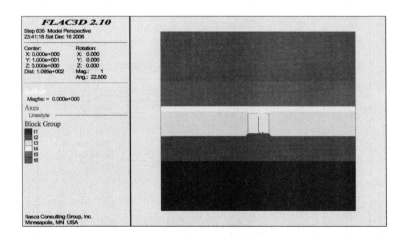

图 4 - 2　数值模拟模型

4.3 数值模拟结果分析

4.3.1 不同地应力对围岩变形的影响

通过掘进对巷道变形的影响可知，在无支护条件下，巷道掘进 2~3 步即 10~15 m 时，巷道变形基本趋于稳定状态。在侧压系数为 0.5、1.0、1.5、2.0 的情况下，分别抽取第 7 步进行分析，不同侧压系数下模拟结果及分析如下所述。

1. 塑性区分布特征

不同侧压系数作用下的塑性区分布图如图 4-3 所示。

由图 4-3 的塑性区分布图可直观地得出：

（1）当 $\lambda = 0.5$ 时，巷道顶、底板分别有 2~3 层和 3 层的岩体处于塑性破坏状态，两帮松动破坏岩体有 3 层，破坏形式以两帮的剪切破坏和顶、底板的拉断破坏为主。

（2）当 $\lambda = 1.0$ 时，巷道顶、底板和两帮松动塑性破坏程度基本一致，分别有 2~3 层的岩体处于塑性破坏状态，破坏形式是剪切和拉断破坏。

（3）$\lambda = 1.5$ 与 $\lambda = 1.0$ 时有所不同，巷道顶、底板破坏严重，3~4 层的岩体处于塑性破坏，且底板较顶板破坏严重些，顶、底板以剪切破坏为主，拉断破坏为辅。两帮的岩体则有 2 层处于塑性破坏状态，破坏形式是两帮以拉断破坏为主，剪切破坏为辅。

（4）$\lambda = 2.0$ 较 $\lambda = 1.5$ 时相比，其松动塑性破坏基本一致，不同的是当 $\lambda = 2.0$ 时，巷道围岩破坏程度加剧，尤其是巷道的顶、底板，都有 5 层的岩体处于松动塑性破坏状态，而且破坏形式以顶、底板的剪切破坏和两帮的拉断破坏为主。

通过以上分析，可得出以下结论：

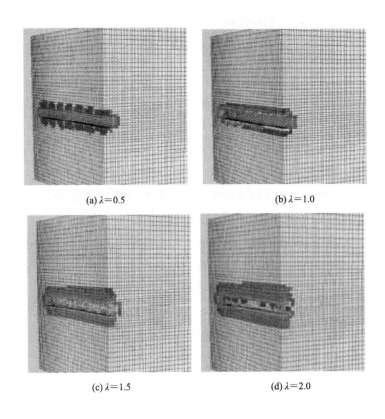

(a) $\lambda=0.5$　　　　　　(b) $\lambda=1.0$

(c) $\lambda=1.5$　　　　　　(d) $\lambda=2.0$

图 4-3　不同侧压系数作用下的塑性区分布（λ 为侧压系数）

（1）当 $\lambda=0.5$ 时，巷道两帮较顶、底板破坏严重；当 $\lambda=1.0$ 时，巷道周边均匀破坏；当 $\lambda=1.5$ 和 $\lambda=2.0$ 时，顶、底板较两帮破坏严重。

（2）当 $\lambda=1.0$ 时，巷道周边破坏形式为剪切破坏和拉断破坏；当 $\lambda<1.0$ 时，巷道两帮较巷道顶、底板破坏严重，破坏形式为顶、底板的拉断和两帮的剪切破坏；当 $\lambda>1.0$ 时，巷道顶、底板较巷道两帮破坏严重，破坏形式以两帮的拉断和顶、底板的剪切破坏为主。

（3）当 λ 在 1.0 附近时，矩形巷道相对稳定，$\lambda > 1.5$ 或 $\lambda < 0.5$ 都不利于矩形巷道的稳定。

2. 位移分布

不同侧压系数作用下的位移云图如图 4 - 4 所示。

从图 4 - 4 的位移云图可知，不同侧压系数下的水平和垂直位移：

（1）在 $\lambda = 0.5$、1.0、1.5、2.0 时，水平位移最大值分别为 1.85 cm、1.85 cm、1.86 cm、3.02 cm。

（2）在 $\lambda = 0.5$、1.0、1.5、2.0 时，垂直位移最大值分别为 7.86 cm、7.86 cm、7.89 cm、12.74 cm。

可见，在垂直应力为 17 MPa 保持不变的情况下，无论是水平位移还是垂直位移，都随侧压系数的增大而增大，且同一侧压系数下垂直位移大于水平位移。

3. 应力分布

不同侧压系数作用下的剪应力云图如图 4 - 5 所示。

在 $\lambda = 0.5$、1.0、1.5、2.0 的情况下，矩形巷道四角处的应力集中最大值分别为 0.5 MPa、0.6 MPa、0.8 MPa、0.9 MPa。可见，随水平应力的增大，巷道帮角处应力集中也有所加剧。

4.3.2 掘进活动对围岩变形的影响

4.3.2.1 数值模拟结果分析

以潘西煤矿 19 号煤层回采巷道模型为例，在垂直压力为 17 MPa、侧压系数为 1.2 的情况下模拟工作面回采对巷道围岩变形的影响，巷道掘进方向为 y 向，分 8 个开挖步，步距为 5 m，共开挖 40 m。从中抽取第 3、8 步来分析，模拟结果如下。

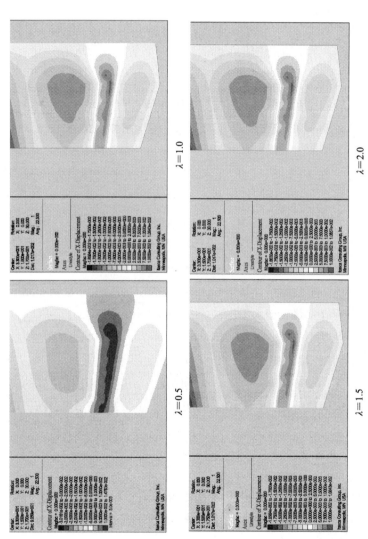

(a) 水平位移云图

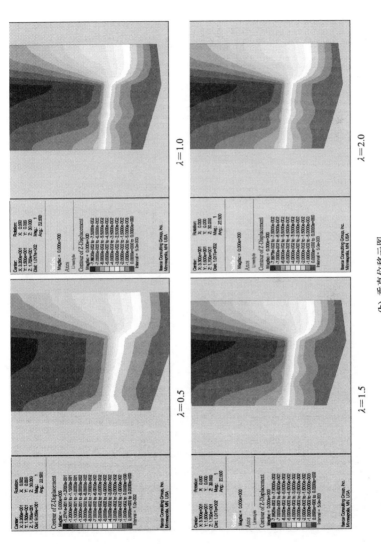

(b) 垂直位移云图

图 4 - 4　不同侧压系数作用下的位移云图（λ 为侧压系数）

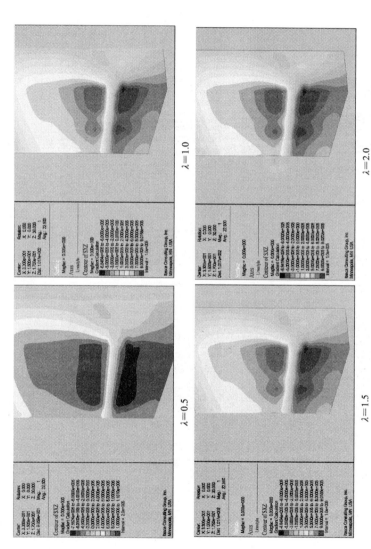

图 4-5　不同侧压系数作用下的剪应力云图（λ为侧压系数）

1. 塑性区分布规律

采动影响下，巷道围岩塑性变形如图 4 - 6 所示。

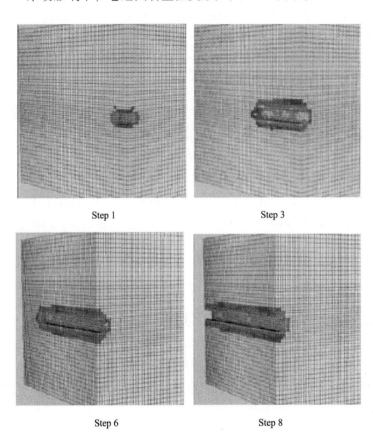

图 4 - 6　巷道围岩塑性变形（Step 为开挖步）

　　开挖完成第 1 步后，巷道围岩两帮和顶、底板都有一定深度的塑性破坏，顶、底板上下的两层岩体部分或完全发生松动破坏，处于峰后承载状态，松动破坏范围在 0.5 ~ 1.0 m 之间；两帮松动破坏范围在 1.5 m 左右；破坏形式为剪切（shear）破坏和拉断（tension）破坏，如图 4 - 6 所示。

第 3 步开挖完成后与开挖后的第 1 步相比，巷道周边围岩松动范围有明显扩大，松动破坏范围显著的变化表现在顶、底板附近，尤其是巷道的顶板，顶、底板有 3 ~ 4 层岩体发生松动破坏，松动塑性区深度达 1.5 ~ 2.3 m；两帮有 2 ~ 3 层的岩体发生松动破坏，松动破坏的塑性区深度达 1.5 ~ 2.0 m，破坏方式以顶、底板剪切、拉断破坏和两帮的拉断、剪切破坏为主。

第 6、8 步开挖完成后，围岩松动破坏范围和程度与第 3 步开挖完成后基本一致，塑性区基本没有什么大的变化；破坏形式仍然以两帮拉断、剪切破坏和顶、底板剪切、拉断破坏为主。可见，巷道开挖推进到 2 ~ 3 步时（10 ~ 15 m），巷道围岩塑性破坏基本接近或到达稳定状态。

2. 应力分布

采动影响下，巷道围岩应力云图如图 4 - 7 所示。

由不同开挖时的应力云图（图 4 - 7）可得：

（1）巷道开挖后在巷道表面的两侧和掘进前方 3 ~ 8 m 的范围内出现了压应力增高区，形成侧向和超前支承压力，压力增高系数为 1.6 左右，且随掘进的推进其应力值和影响范围都逐渐增大。

（2）巷道两帮和顶、底板表面向里的一定深度（约 2.0 m）附近为主卸压区，该区域的压力大小都不超过原岩应力的 35%，再向内一定深度为次卸压区。

（3）剪应力集中区主要位于矩形巷道的 4 个帮角处，其应力值随掘进的推进变化不大，基本在 12 MPa 左右。

（4）结合塑性区和位移云图可知，主要应力卸压区也发生

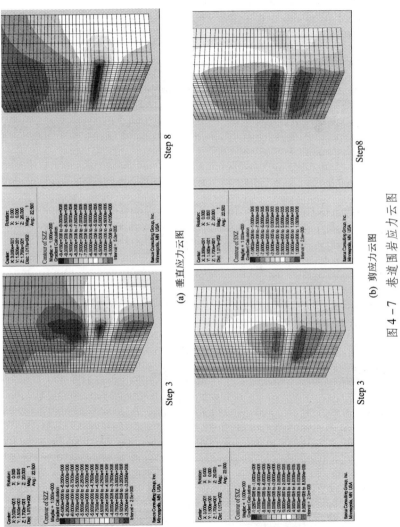

(a) 垂直应力云图

(b) 剪应力云图

图 4-7 巷道围岩应力云图

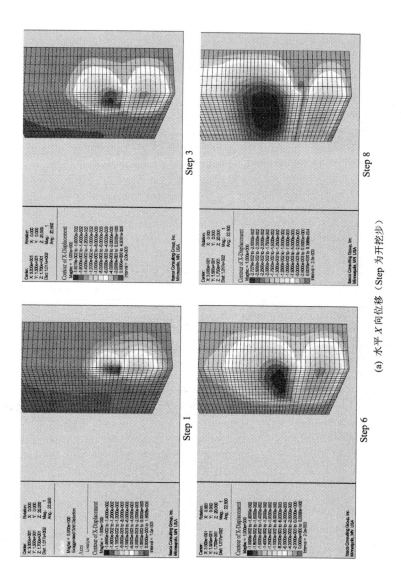

(a) 水平 X 向位移（Step 为开挖步）

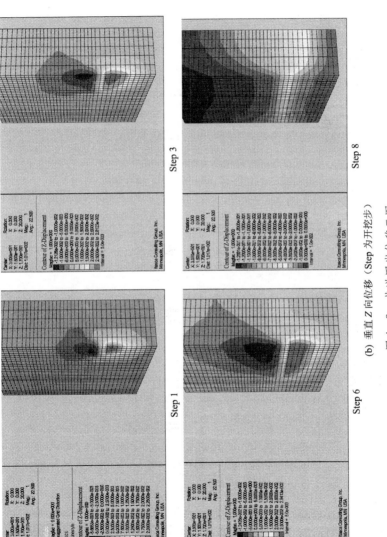

(b) 垂直 Z 向位移（Step 为开挖步）

图 4-8　巷道围岩位移云图

在松动破坏的塑性圈内。

3. 位移分布

采动影响下，巷道围岩位移云图如图 4-8 所示。

（1）开挖第 1 步后水平位移在 0.8~1 cm 之间，垂直位移在 1.5~2 cm 之间；第 3 步开挖完成后水平位移在 1~1.5 cm 之间，垂直位移在 2~2.5 cm 之间；第 6、8 步完成时，水平位移最大为 10 cm，垂直位移最大为 15 cm。其稳定后，两帮移近量增加值见表 4-3，回采巷道两帮移近曲线如图 4-9 所示。

表 4-3　两帮移近量增加值

距采面距离/m	68.5	65	59.5	54	49.5	43.5	39	36
移近量增加值/mm	0	4.55	9.1	7.3	13.7	25.5	41	57.3
距采面距离/m	32.5	29	25.5	20.5	16	14	12	
移近量增加值/mm	106.7	120.9	130	231.9	296	331.9		

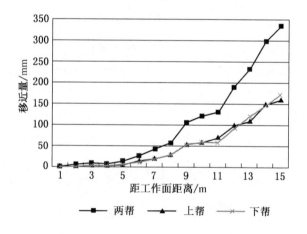

图 4-9　回采巷道两帮移近曲线

（2）开挖掘进卸荷起初阶段位移大，且变形速度大，随着掘进的不断向前推进，位移速度逐渐减小，当开挖到第3步后，位移速度显著减慢，并逐渐趋于稳定。

（3）结合塑性区分布图可知，巷道位移主要发生在松动破坏的塑性圈内，该范围内产生的位移是巷道围岩总位移量的60%～80%。

（4）巷道变形表现形式为巷道两帮向空巷道内的挤入，顶板的下沉和底板的鼓起即底鼓；由位移云图可看出，巷道底板向下一定深度有一位移为0 cm的岩层，该岩层以上的岩层位移向上，该岩层以下的岩层位移向下，在此称该岩层为0位移面，为此，巷道底鼓量是由0位移面和其上的岩层的位移量构成的。

（5）侧压系数为1.2时，垂直位移之所以大于水平位移，其原因是顶、底板松动塑性破坏的范围较两帮松动塑性破坏的范围大。

4.3.2.2 采动影响系数

对于回采工作引起的应力的演变及其对矿山压力显现等方面的影响，习惯上采用"应力集中系数"来描述[77]。但是，大量的现场矿压观测和实验室试验的结果表明，对于受采动影响的井下巷道，继续用"应力集中系数"来反映回采工作面在地层空间应力分布及其矿压显现等方面的影响已经不够了。导致这种不足的原因在于：许多情况下巷道骤变或采空区边缘部分的煤岩体在未受采动影响前已处于极限平衡或松塌状态。受到采动影响时，从应力的角度讲，这部分煤岩体已无应力增高的可能，从而"应力集中系数"在受到采动影响时会继续增高也就无从谈起。按此推论，处于极限平衡区内的巷道或采空区边缘煤岩体，受到采动影响时就不应当有特别明显而剧烈的矿压显现，但实际情况是受到采动影响时，这部分巷道或采空区边缘煤岩体反映出更为强烈的矿压显现，如巷道断面迅速收缩、煤壁片帮、巷道冒顶、底鼓等现象伴随回采工作面的临近而呈频繁发生与加剧，并且这种加剧随着回采工作面的靠近而呈越发严重的趋势。鉴于上述分析，在分析处于极限平衡状态的巷道周边围岩或采空区边缘部分的煤岩体受到采动影响时的矿压显现，再用"应力集中系数"描述显然是不科学的，从而这里提出了"采动影响系数"概念，即由巷道位移的实际增加量所折算出的原岩应力的增加倍数，用 k_1 表示。

利用数值逼近和回归分析理论，得潘西煤矿 19 号煤层的地质条件下 $k_1(x)$ 具体的表达形式：

$$k_1(x) = 0.056(310.84 + 1766.62e^{-0.084x})^{0.52} - 0.16$$

将不同的 x 值代入上式，可以得出一组有序的 k_1，见表 4-4。

表 4-4　采 动 影 响 系 数

x	10	15	20	25	30	35	40	45	50	55	60
k_1	2.04	1.74	1.52	1.36	1.24	1.16	1.11	1.07	1.04	1.03	1.02
Δk_1		0.3	0.22	0.16	0.12	0.08	0.05	0.04	0.03	0.01	0.01

从上面的分析可以看出，采动影响系数 $k_1(x)$ 随 x 呈负指数函数关系变化，随测点距采面距离的减少而迅速增加，特别是在采动影响峰值点前后，x 的很小变化都将导致 $k_1(x)$ 的很大变化。该点表明，在实际生产过程中应适当加大超前支护的距离。

4.4　本章小结

根据以上对数值模拟结果的分析，可得出以下结论：

（1）对巷道围岩变形破坏的数值模拟表明，深部巷道开挖起初阶段围岩松动塑性破坏现象明显，围岩变形量大，变形速度快；在巷道两侧和掘进面前端一定距离附近形成侧向和超前应力增高区，巷道围岩表面以内一定深度为松动塑性破坏区，也是主要的卸荷区和主要的位移发生区；随巷道掘进的不断向前进行，巷道塑性区和应力卸荷区以及主要位移区的变化有逐渐趋于稳定的趋势。

（2）不同地应力（不同侧压系数）作用下的数值模拟表明：侧压系数 $\lambda = 0.5$ 时，巷道两帮较顶、底板破坏严重，破坏形式以两帮剪切破坏和顶、底板拉断为主；$\lambda = 1.0$ 时，巷道四周均匀破坏，巷道四周破坏形式为剪切和拉断破坏；$\lambda = 1.5$ 和 $\lambda = 2.0$ 时，巷道破坏较 $\lambda = 1.0$ 时严重，且顶、底板较两帮破坏严重，破坏形式以两帮的拉断和底板的剪切破坏为主；模拟结果还表明 λ 在 1.0 附近时，矩形巷道稳定性较好。

（3）将由试验和现场所获得的数据经过统计分析，得出在潘西煤矿深部开采条件下采动影响系数 $k_1(x)$ 的关系式为 $k_1(x) = 0.056(310.84 + 1766.62e^{-0.084x})^{0.52} - 0.16$。

5　深井巷道围岩应力状态理论分析

5.1　深井圆形巷道应力状态[76]

5.1.1　侧压系数 λ = 1 时圆形巷道应力分布

1. 基本假设

在深埋岩体中开挖一圆形巷道，可利用弹性力学的理论，分析该巷道二次应力的弹性分布状态。对于岩体这一介质而言，除了要满足弹性力学中的基本假设条件外，在侧压系数的条件下，深埋圆形巷道的二次应力分析，还必须作一些补充的假设条件：

（1）计算单元为一无自重的单元体，不计由于巷道开挖而产生的重力变化，并将岩体的自重作为作用在无穷远处的初始应力状态。

（2）岩体的初始应力状态在不作特殊说明的情况下，仅考虑岩体的自重应力，且侧压系数按弹性力学中 $\lambda = \mu/(1-\mu)$ 计算，本节取 $\lambda = 1$。

（3）为了分析方便，先按平面应力问题，即在无限大的板中开挖一圆形巷道作为计算模型，分析开挖后岩体的二次应力状态。但是，深井巷道的计算通常应该简化为平面应变问题。根据弹性理论中的相关公式，可将平面应力问题计算结果转换为平面应变问题。

2. 岩体内的应力和位移

由于是圆形巷道，且作用在岩体上的荷载也是均匀的[77]，因此岩体内的应力状态可采用极坐标的方法表示。通过坐标转换，其表达方式如下：

$$\left.\begin{array}{l} \sigma_\theta = \dfrac{\sigma_z + \sigma_x}{2} + \dfrac{\sigma_z - \sigma_x}{2}\cos2\theta \\[3mm] \sigma_r = \dfrac{\sigma_z + \sigma_x}{2} - \dfrac{\sigma_z - \sigma_x}{2}\cos2\theta \\[3mm] \tau_{r\theta} = \dfrac{\sigma_z - \sigma_x}{2}\sin2\theta \end{array}\right\} \qquad (5-1)$$

式中　σ_θ、σ_r——极坐标下的切向应力和径向应力；

　　　　$\tau_{r\theta}$——剪应力。

在 $\lambda = 1$ 的条件下，岩体表示为受等压的应力条件，这时 $\sigma_x = \sigma_y = \sigma_\theta = \sigma_r$，$\tau_{r\theta} = 0$。

3. 基本方程

根据计算模式可知，深埋圆形巷道不仅其结构对称，而且由于 $\lambda = 1$，使得载荷也对称。因此，根据其受力和位移的特征，在计算模式中截取微元环中的一段作为计算单元体，其半径为 r、微单元体的厚度为 dr、宽度为 $rd\theta$，该微单元体的受力状态如图 5-1 所示。根据微单元体的受力状态，分析岩体开挖半径为 r_a 的巷道后，单元体应力的变化、应力与应变以及应变与位移之间的关系，通常先根据微单元体的受力状态建立单元体的静力平衡方程，再利用微单元体向洞内的位移建立几何方程，并通过广义胡克定律建立应力与应变关系的物理方程，最终求解用应变表示（或用应力表示）的微分方程；在求得该微分方程的通解之后，再利用巷道开挖后应力的边界条件确定其积分常数，求出最终的位移、应力、应变的表示式。

1）静力平衡方程

根据图 5 - 1 所示的受力状态，微单元体受力应该在其径向和切向保持平衡。首先用对径向轴的投影（径向方向投影），取得静力平衡方程如下：

$$\sum F_r = 0$$

$$(\sigma_r + \mathrm{d}\sigma_r)(\mathrm{d}r + r)\mathrm{d}\theta - \sigma_r r \mathrm{d}r\mathrm{d}\theta - 2\sigma_\theta \sin\frac{\mathrm{d}\theta}{2}\mathrm{d}r = 0 \qquad (5-2)$$

在式（5 - 2）中，忽略高阶无穷小量，又令 $\sin(\mathrm{d}\theta/2) \approx \mathrm{d}\theta/2$，则式（5 - 2）经整理后，可写成式（5 - 3）。

$$\sigma_r \mathrm{d}r - \sigma_\theta \mathrm{d}r + r\mathrm{d}\sigma_r = 0 \qquad (5-3)$$

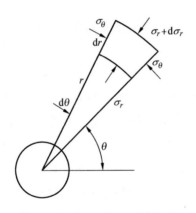

图 5 - 1　微单元体的受力状态

或写成微分方程的表现形式：

$$\sigma_\theta = \sigma_r + r\frac{\mathrm{d}\sigma_r}{\mathrm{d}r} \qquad (5-4)$$

2）几何方程

几何方程表示微元变形之后，位移与应变之间的关系。微单元体的位移示意图如图 5 - 2 所示。当在深埋岩体中开挖一圆形

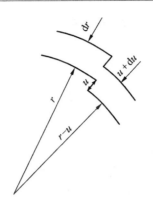

图 5-2　微单元体的位移示意图

巷道时，由于在等压状态作用下，微圆环只向内产生径向位移 u，而微圆环的切向位移为零，同时由于微元体产生径向位移 u，将改变微元环的周长，而产生切向应变，所以其周长的应变量为 $2\pi r - 2\pi(r - u) = 2\pi u$。由此可得，岩体的径向应变 ε_θ 和切向应变 ε_r 的表达式如下：

$$\left.\begin{aligned} \varepsilon_\theta &= \frac{2\pi u}{2\pi r} = \frac{u}{r} \\ \varepsilon_r &= \frac{\mathrm{d}u}{\mathrm{d}r} \end{aligned}\right\} \tag{5-5}$$

3）物理方程

物理方程是根据物体的应力与应变之间的关系建立起来的方程[79]。在弹性力学中常用广义胡克定律表示两者之间的关系，其表达式为（表面应力问题）

$$\left.\begin{aligned} \varepsilon_\theta &= \frac{1}{E}(\sigma_\theta - \mu\sigma_r) \\ \varepsilon_r &= \frac{1}{E}(\sigma_r - \mu\sigma_\theta) \end{aligned}\right\} \tag{5-6}$$

或者将应力表示为应变的函数：

$$\left.\begin{aligned} \sigma_\theta &= \frac{E}{1-\mu^2}(\varepsilon_\theta + \mu\varepsilon_r) \\ \sigma_r &= \frac{E}{1-\mu^2}(\varepsilon_r + \mu\varepsilon_\theta) \end{aligned}\right\} \qquad (5-7)$$

4. 位移、应力、应变的求解

有了 3 个基本方程，就可以求解微分方程了。这里采用位移法，即将应力全部用位移表示，求解微分方程位移解，然后通过位移推出应力和应变的表达式。用位移表示的应力公式为

$$\left.\begin{aligned} \sigma_\theta &= \frac{E}{1-\mu^2}\left(\frac{u}{r} + \mu\frac{\mathrm{d}u}{\mathrm{d}r}\right) \\ \sigma_r &= \frac{E}{1-\mu^2}\left(\frac{\mathrm{d}u}{\mathrm{d}r} + \mu\frac{u}{r}\right) \end{aligned}\right\} \qquad (5-8)$$

对平衡微分方程所得的式（5-4），利用微分的求导法则可简化成下式：

$$\sigma_\theta = \sigma_r + r\frac{\mathrm{d}\sigma_r}{\mathrm{d}r} = \frac{\mathrm{d}(r\sigma_r)}{\mathrm{d}r} \qquad (5-9)$$

将用位移表示的应力式（5-8）代入到式（5-9），得

$$\frac{E}{1-\mu^2}\left(\frac{u}{r} + \mu\frac{\mathrm{d}u}{\mathrm{d}r}\right) = \frac{E}{1-\mu^2}\left(\frac{\mathrm{d}u}{\mathrm{d}r} + \mu\frac{\mathrm{d}u}{\mathrm{d}r} + r\frac{\mathrm{d}^2u}{\mathrm{d}r^2}\right) \qquad (5-10)$$

整理后，得

$$r^2\frac{\mathrm{d}^2u}{\mathrm{d}r^2} + r\frac{\mathrm{d}u}{\mathrm{d}r} - u = 0 \qquad (5-11)$$

式（5-11）为欧拉方程。求解欧拉方程通常须设置一个中间变量，来简化微分方程。

设 $t = \ln r$，则式（5-11）可简化成：

$$\frac{\mathrm{d}^2u}{\mathrm{d}r^2} - u = 0 \qquad (5-12)$$

求得其通解为

$$u = C_1 e^t + C_2 e^{-t} \qquad (5-13)$$

将其还原为原来的变量，其式为

$$u = C_1 r + C_2 \frac{1}{r} \qquad (5-14)$$

这是深埋圆形巷道的位移解，公式中有两个积分常数可利用边界条件求得。根据深埋圆形巷道计算的假设条件和开挖后的特征，当开挖半径为 r_a 时，其边界条件如下：

当 $r = r_a$ 时，$\sigma_r = 0$（巷道壁的径向应力为零）；

当 $r \rightarrow \infty$ 时，$\sigma_r = p_0$（在无穷远处的径向应力等于岩体的初始应力 p_0）。

由于边界条件是用应力表示的，因此，应利用位移表示的应力公式求出积分常数。将位移解式（5 – 14）代入式（5 – 5），得

$$\left. \begin{array}{l} \dfrac{du}{dr} = \dfrac{d\left(C_1 r + C_2 \dfrac{1}{r} \right)}{dr} = C_1 - C_2 \dfrac{1}{r^2} \\[3mm] \dfrac{u}{r} = C_1 + C_2 \dfrac{1}{r^2} \end{array} \right\} \qquad (5-15)$$

将式（5 – 15）代入式（5 – 8），得

$$\left. \begin{array}{l} \sigma_r = \dfrac{E}{1 - \mu^2} \left[(1 + \mu) C_1 - (1 - \mu) \dfrac{C_2}{r^2} \right] \\[3mm] \sigma_\theta = \dfrac{E}{1 - \mu^2} \left[(1 + \mu) C_1 + (1 - \mu) \dfrac{C_2}{r^2} \right] \end{array} \right\} \qquad (5-16)$$

将边界条件代入式（5 – 16），求得积分常数：

$$\left.\begin{aligned} C_1 &= \frac{1-\mu}{E} p_0 \\ C_2 &= \frac{1+\mu}{E} p_0 r_{\mathrm{a}}^2 \end{aligned}\right\} \qquad (5-17)$$

将积分常数代入式（5-14）、式（5-15）和式（5-16），可得深埋圆形巷道的应力、应变和位移解：

$$\left.\begin{aligned} \sigma_r &= p_0\left(1 - \frac{r_{\mathrm{a}}^2}{r^2}\right) \\ \sigma_\theta &= p_0\left(1 + \frac{r_{\mathrm{a}}^2}{r^2}\right) \\ u &= \frac{p_0}{E}\left[(1-\mu)r + (1+\mu)\frac{r_{\mathrm{a}}^2}{r}\right] \\ \varepsilon_r &= \frac{p_0}{E}\left[(1-\mu) - (1+\mu)\frac{r_{\mathrm{a}}^2}{r^2}\right] \\ \varepsilon_\theta &= \frac{p_0}{E}\left[(1-\mu) + (1+\mu)\frac{r_{\mathrm{a}}^2}{r^2}\right] \end{aligned}\right\} \qquad (5-18)$$

式（5-18）为深埋圆形巷道侧压系数 $\lambda = 1$ 时，在无支护状态下，以平面应力为计算模式所求得的围岩的二次应力以及与其相对应的位移、应变随巷道轴线的距离 r 的变化公式。

根据实际的情况可知，圆形巷道轴线方向上的长度远远大于巷道断面的另外两个方向，应属平面应变状态。平面应力问题和平面应变问题的计算公式可以互相转换，只要将平面应力计算公式中的 E 用 $E/(1-\mu^2)$，μ 用 $\mu/(1-\mu)$ 代替，则该计算公式能转换成平面应变问题的计算公式。采用上述方法，式（5-18）可变为

$$
\left.
\begin{aligned}
\sigma_r &= p_0 \left(1 - \frac{r_a^2}{r^2} \right) \\[2mm]
\sigma_\theta &= p_0 \left(1 + \frac{r_a^2}{r^2} \right) \\[2mm]
u &= \frac{(1+\mu)p_0}{E} \left[(1-2\mu)r + \frac{r_a^2}{r} \right] \\[2mm]
\varepsilon_r &= \frac{(1+\mu)p_0}{E} \left[(1-2\mu) - \frac{r_a^2}{r^2} \right] \\[2mm]
\varepsilon_\theta &= \frac{(1+\mu)p_0}{E} \left[(1-2\mu) + \frac{r_a^2}{r^2} \right]
\end{aligned}
\right\}
\tag{5-19}
$$

以上为平面应变状态下，$\lambda = 1$ 时，圆形巷道的二次应力以及相对应的应变、位移计算公式。

5. 圆形巷道二次应力、应变和位移的变化特征

利用式（5-19）可计算 $\lambda = 1$ 时以 p_0 为初始应力状态，开挖了以 r_a 为半径的圆形巷道后，当岩体的二次应力处在弹性范围时，围岩中任意一点距离为 r 的应力、应变和位移。为了了解围岩的应力、应变和位移的分布，有必要对其各种特性及分布规律作进一步的分析。

由式（5-19）中的第一式和第二式可知，开挖圆形巷道后，其应力状态可用一组极为简单的公式表示。该公式具有以下特点。

1）σ_θ、σ_r 的分布特征

如图 5-3 所示，σ_θ 随 r 的增大而减小，σ_r 却随 r 的增大而增大。若取任意一距离，将两应力相加可得 $\sigma_r + \sigma_\theta = 2p_0$。这是在 $\lambda = 1$ 条件下，围岩的二次应力为弹性应力分布的一个比较特殊的结论。此外，由应力计算公式可知，围岩的二次应力状态与

岩体的弹性常数 E、μ 无关，也与径向夹角 θ 无关，在一个圆环上的应力是相等的。而应力的大小与巷道半径和径向距离的比值以及初始应力值 p_0 的大小有关。

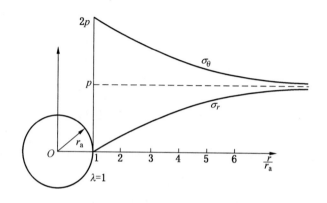

图 5-3　圆形巷道的二次应力分布特征

2）巷道的径向位移

由于圆形巷道形状和载荷对称，使得巷道的切向位移为零。而径向位移 u 的表达式由两部分组成，一部分与开挖巷道的半径有关，另一部分则与巷道半径无关。

若令 $r_a=0$（其物理意义表示巷道尚未开挖），则由式（5-19）可得巷道位移为

$$u_0 = \frac{(1+\mu)p_0}{E}(1-2\mu)r \qquad (5-20)$$

由 $r_a=0$ 的物理意义可知，这部分位移是在初始应力 p_0 的作用下，在未开挖前已完成的位移。由于这部分位移在开挖前早已完成，因此工程中并不关心这部分位移的大小。而与工程直接有

关的是开挖后所产生的实际位移 Δu：

$$\Delta u = u - u_0 = \frac{(1+\mu)p_0}{E} \cdot \frac{r_a^2}{r} \qquad (5-21)$$

在岩体中开挖了圆形巷道，在应力调整过程中围岩所产生的位移增量 Δu 不仅取决于岩体的弹性常数 E、μ，还与岩体的初始应力 p_0 以及巷道半径 r_a 和分析点距中轴线的距离 r 有关。

3）巷道周边的应变

圆形巷道周边岩体的应变特性与位移特性很接近，也由两部分组成。一部分为开挖前由初始应力所产生的应变，公式中不包含 r_a 这一项，它表示了在开挖前已经完成的应变。由公式可知，径向应变和切向应变相等，其表达式如下：

$$\varepsilon_{r_0} = \varepsilon_{\theta_0} = \frac{(1+\mu)(1-2\mu)p_0}{E} \qquad (5-22)$$

两个方向的应变相等，表明岩体在初始应力作用下将始终产生体积压缩。另一部分由于开挖而产生的应变，即

$$\left.\begin{aligned}
\Delta\varepsilon_r &= \varepsilon_r - \varepsilon_{r_0} = -\frac{(1+\mu)p_0}{E} \cdot \frac{r_a^2}{r^2} \\
\Delta\varepsilon_\theta &= \varepsilon_\theta - \varepsilon_{\theta_0} = \frac{(1+\mu)p_0}{E} \cdot \frac{r_a^2}{r^2}
\end{aligned}\right\} \qquad (5-23)$$

由式（5-23）可知，切向应变与径向应变的绝对值相等，符号相反，切向应变是压应变，径向应变是拉应变，表明了在 $\lambda = 1$ 二次应力为弹性分布的条件下，岩体的体积不发生变化的特点。

4）巷道围岩稳定性评价

巷道围岩稳定性可以用下式进行评价：

$$\sigma_\theta \leqslant [\sigma_c] \qquad (5-24)$$

式中　$[\sigma_c]$——岩石允许单轴抗压强度。

由巷道壁的应力分布可知，当 $r = r_a$ 时，$\sigma_\theta = 2p_0$，$\sigma_r = 0$。显然，巷道壁岩体的应力可看成单向压缩状态（对于平面问题而言）。当巷道壁的切向应力 σ_θ 满足上式时，则巷道壁的岩体是稳定的。因此，可用以上判据简单地评价岩体的稳定性。

5.1.2　侧压系数 $\lambda \neq 1$ 时圆形巷道的应力状态

当侧压系数 $\lambda \neq 1$ 时，深埋圆形巷道的二次应力计算，通常将其计算简图分解成两个较简单的计算模式，然后将两者叠加而求得。其计算简图如图 5-4 所示。情况 I 作用着 $p = (1 + \lambda)p_0/2$ 的初始应力，并且垂直应力与水平应力相等；而情况 II 作用着 $Q = (1 - \lambda)p_0/2$ 的初始应力，其中垂直应力是压应力，而水平应力是拉应力。若将两种情况的外载荷相加，则可得垂直应力为 p_0，水平应力为 λp_0。根据弹性力学的解，将各自求得的应力叠加，可求得任意一点的应力状态为

$$
\left.\begin{aligned}
\sigma_r &= \frac{p_0}{2}\left[(1+\lambda)\left(1 - \frac{r_a^2}{r^2}\right) - (1-\lambda)\left(1 - 4\frac{r_a^2}{r^2} + 3\frac{r_a^4}{r^4}\right)\cos 2\theta\right] \\
\sigma_\theta &= \frac{p_0}{2}\left[(1+\lambda)\left(1 + \frac{r_a^2}{r^2}\right) + (1-\lambda)\left(1 + 3\frac{r_a^4}{r^4}\right)\cos 2\theta\right] \\
\tau_{r\theta} &= -\frac{p_0}{2}\left[(1-\lambda)\left(1 + 2\frac{r_a^2}{r^2} - 3\frac{r_a^4}{r^4}\right)\sin 2\theta\right]
\end{aligned}\right\}
$$

$$(5-25)$$

而由开挖产生的位移计算公式为

$$
\left.\begin{aligned}
u &= \frac{(1+\mu)p_0}{2E} \cdot \frac{r_a^2}{r}\left\{(1+\lambda) + (1-\lambda)\left[2(1-2\mu) + \frac{r_a^2}{r^2}\right]\cos 2\theta\right\} \\
v &= \frac{(1+\mu)p_0}{2E} \cdot \frac{r_a^2}{r}\left\{(1-\lambda)\left[2(1-2\mu) + \frac{r_a^2}{r^2}\right]\sin 2\theta\right\}
\end{aligned}\right\}
$$

$$(5-26)$$

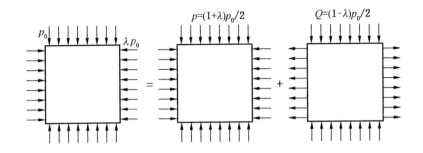

图 5 - 4 λ≠1 时圆形巷道二次应力的计算简图

显然，上述的公式要比 λ = 1 时的计算公式复杂得多，不仅作用着剪应力，而且存在着切向位移。

由于公式比较复杂，在此仅讨论 $r = r_a$ 时（即巷道壁处）的应力和位移特征。首先分析应力状态：由式（5 - 25）可知，巷道周边的应力状态不仅与距巷道轴线中心的距离 r 有关，且与任意点到中轴连线与 x 轴的夹角 θ 以及侧压系数 λ 有关。为了分析其所具有的特点，先简化式（5 - 25）。当 $r = r_a$ 时，应力公式可简化为

$$\left.\begin{array}{l} \sigma_\theta = p_0 \big[(1 + 2\cos2\theta) + \lambda(1 - 2\cos2\theta) \big] \\ \sigma_r = 0 \\ \tau_{r\theta} = 0 \end{array}\right\} \quad (5 - 27)$$

若设 $1 + 2\cos2\theta = K_z$，$1 - 2\cos2\theta = K_x$，则式（5 - 27）可改成：

$$\left.\begin{array}{l} \sigma_\theta = p_0(K_z + \lambda K_x) = Kp_0 \\ \sigma_r = 0 \\ \tau_{r\theta} = 0 \end{array}\right\} \quad (5 - 28)$$

式中　　　　K——开挖后围岩总应力集中系数，$K = K_z + \lambda K_x$；

　　　　　　K_z、K_x——垂直和水平应力集中系数。

由式（5 - 28）可知，围岩的总应力集中系数 K 是 θ 角以及侧压系数 λ 的函数，将受到这两个因素的影响。图 5 - 5 表示了巷道壁应力 σ_θ 的总应力集中系数 K 受 θ 角以及不同 λ 变化的情况。坐标原点随 θ 角而变化，即坐标原点设置在通过巷道轴中心点 θ 角度的射线与以 r_a 为半径的圆周的交点上，在圆周上向外为正值，向内为负值，并取某点的应力除以初始应力 p_0 为其坐标值。由图 5 - 5 可知，当 $\lambda = 1$ 时，巷道壁的应力值为 $2p_0$，由于此时的切向应力 σ_θ 与 θ 角无关，所以都为初始应力的 2 倍。因此，总应力集中系数 K 在图 5 - 5 中表现为半径为 $3r_a$ 的圆。当 $\lambda = 0$ 时，其巷道壁的应力分布为最不利状态。此时，巷道顶部（$\theta = 90°$）的切向应力 $\sigma_\theta = -p_0$，出现拉应力；而在巷道的侧壁中腰（$\theta = 0°$）将承受最大的压应力 $\sigma_\theta = 3p_0$。当 $\lambda = 1/3$ 时，巷道顶部的应力为零。可见，$\lambda = 1/3$ 是巷道顶部是否出现拉应力的临界值。若 $\lambda < 1/3$，则巷道顶部将产生拉应力；若 $\lambda > 1/3$，则洞顶表现为压应力。

$\lambda \neq 1$ 时的位移状态表达式要比应力复杂得多。在此仅讨论当 $r = r_a$ 时，由于开挖而产生的巷道壁位移状态。将 $r = r_a$ 代入式（5 - 26），则巷道壁位移公式表示如下：

$$\left.\begin{aligned}
u &= \frac{(1+\mu)p_0}{2E} r_a \left[(1+\lambda) + (1-\lambda)(3-4\mu)\cos 2\theta \right] \\
v &= \frac{(1+\mu)p_0}{2E} r_a \left[(1-\lambda)(3-4\mu)\sin 2\theta \right]
\end{aligned}\right\}$$

$$(5 - 29)$$

由式（5 - 29）可知，影响巷道壁位移的因素很多，有岩体

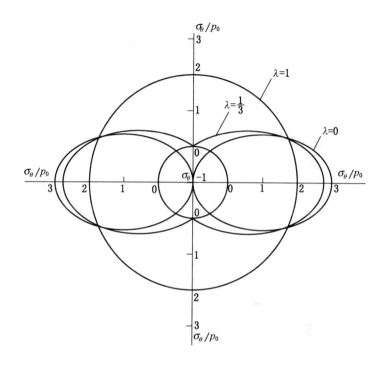

图 5-5 巷道壁应力 σ_θ 总应力集中系数变化图

的弹性常数 E、μ，初始应力状态 p_0，开挖巷道的半径 r_a，由于 $\lambda \neq 1$，位移也将受到径向夹角 θ 的影响。此外，从数值上看，径向位移要比切向位移稍大些，因此，径向位移对巷道的稳定性来说仍起着主导作用。

5.2 深井椭圆形巷道应力状态[78]

地下工程中经常采用椭圆形的巷道断面。图 5-6 所示为单向应力作用时椭圆形巷道的计算简图。

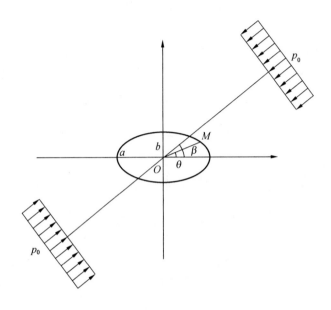

图 5-6　单向应力作用时椭圆形巷道的计算简图

5.2.1　巷道壁应力计算公式

按此计算简图求解，当 $r = r_a$ 时，巷道壁的应力为

$$\left. \begin{array}{l} \sigma_\theta = p_0 \dfrac{(1+K)^2 \sin^2(\theta+\beta) - \sin^2\beta - K^2\cos\beta}{\sin^2\theta + K^2\cos^2\theta} \\[3mm] \sigma_r = 0 \\[2mm] \tau_{r\theta} = 0 \end{array} \right\} \qquad (5-30)$$

式中　K——y 轴上的半轴 b 与 x 轴上的半轴 a 的比值，即 $K = b/$
　　　　a；

　　　θ——巷道壁上任意一点 M 到巷道轴线的连线与 x 轴的
　　　　夹角；

β——单向外载荷的作用线与 x 轴的夹角；

p_0——初始应力。

若将岩体所受的初始应力状态分解成 $\beta = 0°$（$p = \lambda p_0$）和 $\beta = 90°$（$p = p_0$）两种状态，采用式（5-30）分别计算巷道壁的应力，并将求得的结果叠加后，即可得椭圆巷道在 $\lambda \neq 1$ 的条件下，巷道壁二次应力的计算公式：

$$\left.\begin{aligned} \sigma_\theta &= p_0 \frac{(1+K)^2\cos^2\theta - 1 + \lambda\left[(1+K)^2\sin^2\theta - K^2\right]}{\sin^2\theta + K^2\cos^2\theta} \\ \sigma_r &= 0 \\ \tau_{r\theta} &= 0 \end{aligned}\right\} \quad (5-31)$$

5.2.2　巷道壁应力分布特征

巷道壁的切向应力不仅与初始应力 p_0 及 λ 有关，而且还取决于巷道壁上任意点到洞轴线连线与 x 轴的夹角 θ 以及椭圆型巷道的长短半轴之比的大小。表 5-1 列出了椭圆巷道壁应力 σ_θ 随 θ 和 λ 的变化值。

表 5-1　椭圆巷道壁应力 σ_θ 随 θ 和 λ 的变化值

项　目	$\lambda = 0$	$\lambda = 1$	λ
$\theta = 0°$	$(2+K)p_0/K$	$2p_0/K$	$[2+K(1-\lambda)]p_0/K$
$\theta = 45°$	$(K^2+2K-1)p_0/$ $(1+K^2)$	$4Kp_0/(1+K^2)$	$[K^2+2K-1+\lambda(1+2K-K^2)]p_0/$ $(1+K^2)$
$\theta = 90°$	$-p_0$	$2Kp_0$	$[\lambda(1+2K)-1]p_0$

由表 5-1 可知，当 $\lambda = 0$ 时，椭圆巷道的应力状态为最不利条件，侧壁的 $\sigma_\theta(\theta = 0°)$ 为最大压应力，而巷道顶（$\theta = 90°$）为最大拉应力；当 $\lambda < 1/(1+2K)$ 时，巷道顶将出现拉应力。

5.2.3 最佳椭圆截面尺寸

巷道最佳截面尺寸通常应满足 3 个条件。第一，巷道周边的应力分布应该是均匀应力，在巷道壁处应力相等；第二，巷道周边的应力应该都为压应力，在巷道壁处不出现拉应力；第三，其应力值应该是各种截面中最小的。椭圆巷道在一个特定的截面下可满足上述条件，该巷道的截面被称作谐洞。若设长短半轴之比 $K = b/a = 1/\lambda$，代入式 (5-31)，得

$$\sigma_\theta = p_0 \frac{\left(1 + \dfrac{1}{\lambda}\right)^2 \cos^2\theta - 1 + \lambda\left[\left(1 + \dfrac{1}{\lambda}\right)^2 \sin^2\theta - \dfrac{1}{\lambda^2}\right]}{\sin^2\theta + \dfrac{1}{\lambda^2}\cos^2\theta}$$

$$= p_0 \frac{\lambda(\lambda^2 \sin^2\theta + \cos^2\theta) + \lambda^2 \sin^2\theta + \cos^2\theta}{\lambda^2 \sin^2\theta + \cos^2\theta}$$

$$= (1 + \lambda)p_0 \qquad (5-32)$$

从式 (5-32) 得出的结果可知，其巷道壁的切向应力 σ_θ 的值与 θ 角无关，并且在 $\lambda \neq 1$ 的条件下为均匀的压应力，且其应力值小于圆形巷道 $\lambda = 1$ 时的巷道壁切向应力值。因此，$K = 1/\lambda$ 的椭圆巷道为最佳截面。

5.3 深埋矩形巷道的二次应力状态[78]

矩形巷道一般采用旋轮线代替 4 个直角，利用级数求解其应力状态。计算矩形巷道壁的应力，可简化成下式：

$$\left. \begin{array}{l} \sigma_\theta = (K_z + \lambda K_x)p_0 \\ \sigma_r = 0 ; \tau_{r\theta} = 0 \end{array} \right\} \qquad (5-33)$$

表 5-2 列出了巷道壁不同 θ 角所对应的应力集中系数，其中 $\beta = 0$，$\beta = \pi/2$ 的系数分别表示水平应力集中系数 K_x 和垂直应力集中系数 K_z 的取值，a 和 b 分别为矩形巷道的宽度和高度。

实际应用可查得相应的系数乘以水平初始应力和垂直初始应力，经叠加后即可求得各点的应力值。

表5-2 矩形硐室硐壁应力集中系数

$\theta/$	$a:b=5$		$a:b=3.2$		$a:b=1.8$		$a:b=1$	
(°)	$\beta=0$	$\beta=\pi/2$	$\beta=0$	$\beta=\pi/2$	$\beta=0$	$\beta=\pi/2$	$\beta=0$	$\beta=\pi/2$
0	-0.768	2.420	-0.770	2.152	-0.8336	2.0300	-0.808	1.472
10	—	—	-0.807	2.520	-0.8354	2.1794		
20	-0.152	8.050	-0.686	4.257	-0.7573	2.6996		
25	2.692	7.030	—	6.207	-0.5989	5.2609		
30	2.812	1.344	2.610	5.512	-0.0413	3.7041		
35	—	—	3.181	—	1.1599	3.8725	-0.268	3.366
40	1.558	-0.644	2.392	-0.193	2.7628	2.7236	0.980	3.860
45					3.3517	0.8205	3.000	3.000
50					2.9538	-0.3248	3.860	0.980
55					—	—	3.366	-0.268
60					1.9836	-0.8751		
65					—	—		
70					1.4852	-0.8674		
80					1.2636	-0.8197		
90	1.192	-0.940	1.342	-0.980	1.1999	-0.8011	1.472	0.808

图5-7所示是一计算的实例。从图5-7中的图形可知，矩形巷道的角点上的应力远远大于其他部位的应力值。当 $\lambda=1$ 时，矩形巷道的周边均为正应力，而图5-7中的虚线则是按 $\lambda=\mu/(1-\mu)$ 计算得到的结果，此时顶板将出现拉应力。

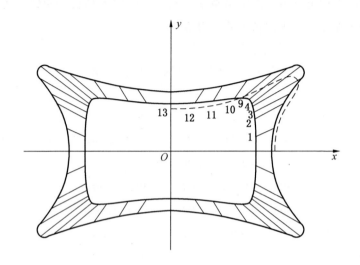

图 5 - 7　矩形巷道 $(a:b=1.8)$ 周边应力分布图

5.4　本章小结

通过对深井巷道围岩应力状态的理论分析，得出如下结论：

（1）深埋圆形巷道中影响巷道壁位移的因素很多，有岩体的弹性常数 E、μ，初始应力状态 p_0 和开挖巷道的半径 r_a。由于 $\lambda \neq 1$，所以位移也将受径向夹角 θ 的影响。此外，从数值上看，径向位移要比切向位移稍大些，因此径向位移对巷道的稳定性仍起着主导作用。

（2）侧压系数 $\lambda \neq 1$ 时，深埋椭圆形巷道其巷道壁的切向应力 σ_θ 的值与 θ 角无关，并且在 $\lambda \neq 1$ 的条件下为均匀的压应力，且其应力值小于圆形巷道 $\lambda = 1$ 时的巷道壁切向应力值，因此，$K = 1/\lambda$ 的椭圆巷道为最佳截面。

（3）深埋矩形巷道角点上的应力远远大于其他部位的应力。当 $\lambda = 1$ 时，矩形巷道的周边均为正应力，此时顶板将出现拉应力，因此支护时应加强对矩形巷道角点和顶板的支护。

6　深井巷道围岩稳定性安全控制
技 术 研 究

随着煤矿开采深度的不断加大，煤矿生产场地所处的地应力环境逐渐变得复杂[80-83]起来。巷道作为煤矿井下生产脉络，保持其畅通和完好状态对改善井下的劳动条件和作业环境、防止巷道顶板事故和保证矿井安全生产具有重要意义。

目前对深井巷道的围岩控制多数仍沿用浅部的支护方法和管理经验，常出现大量的折梁断腿、锚杆失效、反复维修、冒顶塌方问题，耗费了大量的人力、物力、财力，仍不能保证正常的安全生产。究其原因，主要是对深部地压的显现规律掌握不清，没有掌握矿山压力的规律和特点，没有采取有针对性的支护方式和手段，因而难以提出合理有效的深部地压控制措施和配套的巷道支护方法。

为了合理有效地解决深部高地应力巷道支护这一难题，针对矿井深部巷道多元应力作用、矿山压力显现规律复杂的特点，应采用先进的支护理念，以解决深井巷道的支护难题，使之达到"安全、高效、经济、快速"的要求。

6.1　巷道围岩安全控制理论

在理论和科研界，巷道围岩安全控制方法有许多，其中锚杆支护是控制巷道围岩稳定性的方法之一。典型的锚杆支护理论[84-85]有悬吊理论、组合梁理论、组合拱理论和围岩松动圈支护理论等。

6.1.1　悬吊理论

悬吊理论认为锚杆支护的作用就是将巷道顶板较软弱岩层悬吊在上部稳定岩层上，以增强较软弱岩层的稳定性。对于回采巷道经常遇到的层状岩体，当巷道开挖后，直接顶因弯曲、变形与基本顶分离，如果锚杆及时将直接顶挤压并悬吊到基本顶上，就能减小和限制直接顶的下沉和离层，以达到支护的目的，如图6-1所示。

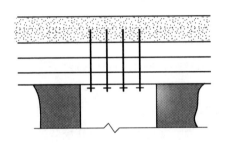

图6-1　锚杆的悬吊作用

巷道浅部围岩松软破碎，或者开掘巷道后应力重新分布，顶板出现松动破裂区，这时锚杆的悬吊作用就是将这部分易垮落岩体悬吊在深部未松动岩层上，这是悬吊理论的进一步发展。根据悬吊岩层的质量就可以进行锚杆支护设计，如图6-2所示。

悬吊理论直观地揭示了锚杆的悬吊作用，但在分析过程中不考虑围岩的自承能力，而且将锚固体与原岩体分开，与实际情况有一定差距，计算数据存在误差。

悬吊理论只适用于巷道顶板，不适用于巷道帮、底。如果顶

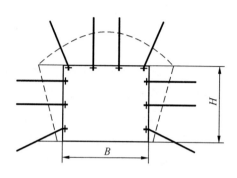

图6-2 顶板锚杆悬吊松动破裂岩层

板中没有坚硬稳定岩层或顶板软弱岩层较厚，围岩破碎区范围较大，无法将锚杆锚固到上面坚硬岩层或者未松动岩层上，悬吊理论就不适用。

6.1.2 组合梁理论

组合梁理论认为，在层状岩体中开挖巷道，当顶板在一定范围内不存在坚硬稳定岩层时，锚杆的悬吊作用就居次要地位。

如果顶板岩层中存在岩干分层，顶板锚杆的作用一方面是依靠锚杆的锚固力增加各岩层间的摩擦力，防止岩石沿层面滑动，避免各岩层出现离层现象；另一方面，锚杆杆体可增加岩层间的抗剪刚度，阻止岩层间的水平错动，从而将巷道顶板锚固范围内的几个薄岩层锁紧成一个较厚的岩层（组合梁）。这种组合厚岩层在上覆岩层载荷的作用下，最大弯曲应变和应力都将大大减小，组合梁的挠度也减小，而且组合梁越厚，梁内的最大应力、应变和梁的挠度也就越小，如图6-3所示。

根据组合梁的强度大小，可以确定锚杆支护参数。

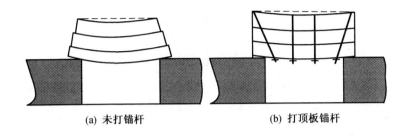

(a) 未打锚杆   (b) 打顶板锚杆

图 6-3 顶板锚杆的组合梁作用

组合梁理论是对锚杆将顶板岩层锁紧成较厚岩层的解释。在分析中，将锚杆作用与围岩的自稳作用分开，与实际情况有一定差距，并且随着围岩条件的变化，在顶板较破碎、连续性受到破坏时，组合梁也就不存在了。因此，组合梁理论只适合于层状顶板锚杆支护的设计，对巷道的帮、底不适用。

6.1.3 组合拱理论

组合拱理论认为在拱形巷道围岩的破裂区中安装预应力锚杆时，在杆体两端形成圆锥形分布的压应力，如果沿巷道周边布置锚杆群，只要锚杆间距足够小，各个锚杆形成的压应力圆锥体将相互交错，就能在岩体中形成一个均匀的压缩带，即承压拱，也称组合拱或压缩拱。这个承压拱可以承受其上部破碎岩石施加的径向载荷，在承压拱内的岩石径向及切向均受压，处于三向应力状态，其围岩强度得到提高，支撑能力也相应加大，如图 6-4 所示。

因此，锚杆支护的关键在于获取较大的承压拱厚度和较高的强度，其厚度越大，越有利于围岩的稳定和支撑能力的提高。

组合拱理论在一定程度上揭示了锚杆支护的作用机理，但在

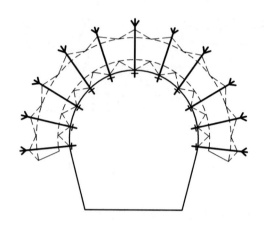

图6-4　锚杆的组合拱理论示意图

分析过程中没有深入考虑围岩－支护的相互作用，只是将各支护结构的最大支护力简单相加，从而得到复合支护结构总的最大支护力，缺乏对被加固岩体本身力学行为的进一步分析探讨，计算也与实际情况存在一定差距，一般不能作为准确的定量设计，但可作为锚杆加固设计和施工的重要参考。

6.1.4　围岩松动圈支护理论

围岩松动圈支护理论由3个主要部分组成。

（1）围岩松动圈支护。开巷后，当围岩应力超过围岩强度后，将在围岩中产生新的裂缝分布，其分布区域类似圆形或椭圆形，当围岩为不均质时将为异形，称之为围岩松动圈。松动圈主要尺寸属性为其厚度，其值可用超声波围岩松动圈测试仪或其他如多点位移计等测得[86]。围岩一旦产生松动圈，围岩的最大变形载荷将使围岩松动圈产生过程中的体积膨胀，称之为碎胀变形。并且经试验证明，现在支护无法有效阻止围岩松动圈的产生和发展，即围岩松动圈支护理论的立论有二：一是围岩松动圈在开巷后客观存在；二是围岩碎胀变形远远大于围岩的弹塑性变形。

（2）围岩松动圈分类方法。围岩松动圈的值主要是围岩强度和围岩应力的函数，它是一个含义丰富的综合指标。其值越大，碎胀变形量越大，而围岩变形量越大，支护也越困难。因此，在统计的基础上可以用其值作为分类指标，对围岩的支护难度进行分类。分类表将围岩分为Ⅵ类，其中当松动圈大于 1.5 m 时，无论围岩性质如何，其支护上都须采用软岩支护技术，因此称之为软岩（不稳定围岩）。

（3）围岩松动圈锚喷支护技术。从围岩松动圈支护理论出发，它将锚喷支护按机理分 3 种类型设计：①小松动圈，当 $L_p <$ 40 cm 时，称小松动圈，或理解为围岩只有弹塑性变形，锚杆将起不到作用；②中松动圈，$L_p = 40 \sim 150$ cm，松动圈在这个范围内，支护较容易，采用悬吊理论，其悬吊点在松动圈以外，在这种条件下，喷混凝土只用于防止围岩风化和防止锚杆间小块岩石的掉落；③大松动圈，$L_p > 150$ cm 时，用锚杆给予松动圈内破裂围岩以约束力，使其恢复到接近原岩的强度并具有可缩性，形成锚固体进入支护，即所谓组合拱/梁理论。为了使这一支护能适应大松动圈所造成的大变形量，通常用锚网支护（采区）或锚喷网支护（开拓巷道）。

以上为围岩松动圈支护理论的 3 个组成部分。围岩松动圈的客观存在和岩石应力应变过程的研究不仅为松动圈支护理论奠定了理论基础，也为其应用提供了基础条件。

6.1.5 最大水平应力理论

最大水平应力理论是由澳大利亚学者盖尔（W. J. Gale）提出的。该理论认为矿井岩层的水平应力通常大于垂直应力，水平应力具有明显的方向性，最大水平应力一般为最小水平应力的15~25倍。巷道顶、底板的稳定性主要受水平应力的影响，且有3个特点：①与最大水平应力平行的巷道受水平应力影响最小，顶、底板稳定性最好；②与最大水平应力呈锐角相交的巷道，其顶、底板变形破坏偏向巷道某一帮；③与最大水平应力垂直的巷道，顶、底板稳定性最差，如图6-5所示。

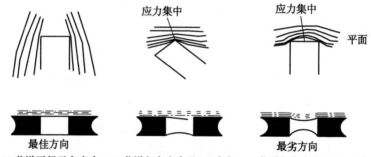

(a) 巷道平行于主应力　(b) 巷道与主应力呈45°夹角　(c) 巷道与主应力呈90°夹角

图6-5　应力场效应

在最大水平应力作用下，顶、底板岩层易于发生剪切破坏，出现错动与松动而膨胀造成围岩变形，锚杆的作用即约束其沿轴向岩层膨胀和垂直于轴向的岩层剪切错动，因此要求锚杆必须具备强度大、刚度大、抗剪阻力大，才能起约束围岩变形的作用。

最大水平应力理论论述了巷道围岩水平应力对巷道稳定性的影响以及锚杆支护所起的作用。在设计方法上，借助于计算机数值模拟不同支护情况下锚杆对围岩的控制效果进行优化设计，在使用中强调监测的重要性，并根据监测结果修改完善初始设计。

6.2 巷道围岩稳定性安全评价指标的聚类分析

人工神经网络[87]（Artificial Neural Network）是近几年活跃于工程应用领域中的一门较新的学科，它是由大量类似神经元的简单处理单元广泛相联接而成的复杂网络系统，它是在现代神经研究成果的基础上提出的，能够反映人脑功能的若干特征，即通过联接强度的调整，神经网络表现出类似人脑的学习、归类和分类特征。本节旨在通过建立神经网络聚类分析模型，对巷道围岩稳定性安全评价指标进行聚类分析，以达到用尽量少而全的指标对巷道进行安全评价之目的。

6.2.1 影响巷道围岩稳定性力源分析

1. 重力

1）原岩应力

原岩应力是指开掘井巷以前或远离井巷影响圈之外的岩体原始应力，如图 6-6 所示。原岩应力是岩石力学理论与数值计算的重要原始数据之一，是引起井巷采场围岩应力重新分布、围岩变形和破坏的力的根源。

2）岩体自重应力

重力由覆岩自重构成。岩体自重是原岩应力最基本的组成因素，无论何时何地，岩体自重应力都是永存的。国内外研究比较趋于一致的结论是，岩体自重应力可以简单地表述为与采深呈线性关系，即

$$\begin{cases} \sigma_v = \gamma H \\ \sigma_h = \lambda \gamma H \end{cases} \qquad (6-1)$$

式中　σ_v——铅直应力；

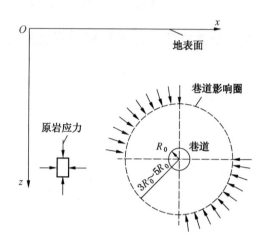

图 6 - 6　原岩应力示意图

σ_h——水平应力；

γ——岩体体积密度；

H——采深；

λ——水平应力系数，$\lambda = \mu/(1-\mu)$，μ 为泊松比。

2. 构造应力

地下工程边墙的向内运动和底板的隆起，一定是构造应力 σ_T 在抗力不足的蠕变岩石介质中有相当部分影响的结果。在造山运动或较小范围地质构造运动的活动期间，岩体的水平应力必然增大，可能超过自重引起的水平应力的许多倍，有的甚至可能转变为拉应力。在上述运动过后，由于岩体的松弛现象，岩体内的构造应力逐渐减小，以至于完全消失，而还原到自重力状态[87]。地质构造运动与构造应力如图 6 - 7 所示。

1）构造应力成因分析

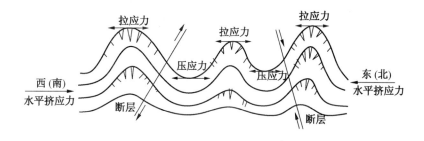

图 6-7 地质构造运动与构造应力

（1）板块碰撞。在板块的接触边缘由于边界应力而产生构造力。

（2）地幔对流。在岩石圈下部边界产生的切向应力是上地幔对流的结果。

（3）区域因素。地形的差异能产生构造应力的水平分量。

（4）剥蚀。岩体过去被厚度为 H_0 的覆盖层压缩，受到铅直应力和水平应力的作用。由于侵蚀的结果，覆盖的物质剥蚀了，于是覆盖层就降到现在的高度 H'，即现在铅直应力减至 $\gamma H'$，但水平应力却没有相应减小。于是，大部分的初始水平应力 σ_h 仍然保持不变。

（5）封闭应力。在岩石生成的过程中，可以从多晶体岩的晶体形成获取足够的能量。在火成岩和沉积岩中，位错往往在其构造变形过程就已经形成。这些位错有一部分是自由移动的，并沿着许多微小的和很大的滑动面移动。这种现象是以蠕变变形的形式表现出来的。然而，还有一部分位错则遇到障碍而不能自由移动，因此使整个运动系统停止下来，即滑移运动暂时终止，而滑动面的两壁之间被物理化学黏物"结合"在一起。在地壳中，位错的尺寸可能从几十纳米变化到几十千米。在某些区域可能积累有大量的能量并被封闭在内，就是说岩体中的内应力并不依赖外界的应力而处于自身平衡状态，如移去外力，其内应力仍然保存在岩体之中。

2）构造应力值估计

由地质力学的观点，地质构造运动以水平为主，从而提示了地壳岩体中存在水平构造应力的普遍规律。对于构造应力的估计，可由下式给出：

$$\frac{\sigma_h}{\sigma_v} = \begin{cases} 3 - \dfrac{H}{500} & (H \leqslant 1000 \text{ m}) \\ \dfrac{9}{8} - \dfrac{H}{500} & (H > 1000 \text{ m}) \end{cases} \qquad (6-2)$$

3. 膨胀应力

1）膨胀应力成因

膨胀应力的形成是下述两个主要因素相互作用的结果。

（1）物理化学膨胀，是一种体积增加（通常是各向异性的）。

（2）岩层恢复和体积扩容的力学过程。岩层恢复是在部分应力解除以后发生的，而体积扩容则是由于偏应力超过某一上限屈服值所引起的体积增加。力学效应通常导致形成空隙，这是裂隙的张开或形成新的裂隙以及这些裂隙逐渐分解的结果。

2）地下硐室围岩破坏的时间次序

（1）在地下硐室的一些高应力地区，有些岩石单元发生位错运动；在边墙的中部、底板和顶板出现拉裂纹。

（2）围岩的向内运动最先是在应力高的地区观察到，以后逐渐扩展到整个硐室。在稳定的条件下，蠕变随时间函数（log$t$）继续增长。地下水渗入新老裂纹，岩石因产生物理化学作用而软弱。

（3）在高应力区，岩体的流动发生随时间呈线性变化，并使流动逐渐加速进行。这一临界阶段以连续破坏和位移可达几十厘米甚至 1 m，然后发生塌顶为标志。

（4）随着时间的推移，不稳定的岩石的范围将逐渐扩大，最后发生整体和大范围的运动，并导致坍塌。

3）蠕变三阶段

蠕变三阶段（图 6-8）说明应力水平越高，蠕变变形越大。其中，长时强度起重要作用。应力水平低于长时强度，一般不导致岩石破裂，蠕变过程只包含前两个阶段。应力水平高于长时强度，则经过或长或短的时间，最终必将导致岩石破裂，蠕变过程 3 个阶段包含俱全。

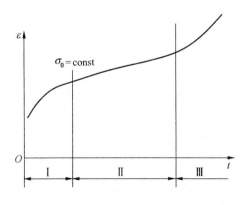

Ⅰ—初始段；Ⅱ—等速段；Ⅲ—加速段

图 6-8　蠕变三阶段

在中硬以下岩石以及软岩中开掘的地下工程和矿山巷道，大都需经过半个月至半年变形才能稳定，或处在无休止的变形状态，直至破裂失稳。图 6 - 9 所示为矿山巷道极常见的实测巷道顶板下沉（或两帮挤进或底鼓）曲线示意图。因为可视巷道围岩所受原岩应力或其他外力为常数，故在相应条件下巷道变形的实质都可归结为蠕变现象。

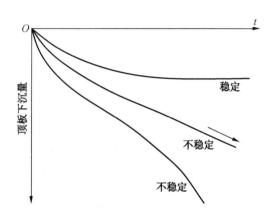

图 6 - 9　实测巷道顶板下沉曲线

6.2.2　巷道围岩稳定性安全评价神经网络建模

在众多的神经网络模型中，多层前馈神经网络模型是目前世界上著名的神经网络模型之一。它由输入层、输出层及隐含层组成，隐含层可有一个或多个，每层由若干个神经单元组成。建立的是隐含数为一层的巷道围岩稳定性安全评价模型，如图 6 - 10 所示。

在模型中，输入层用于接收各种巷道的基本特征（如岩性、物理力学性质和断面尺寸等）；输出层用于输出巷道所属类别信

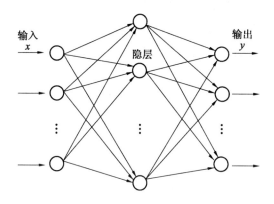

图6-10　神经网络安全评价模型

息，节点之间的联系通过联接权重 W_{ji} 表示其相互影响程度。对于输入信息，先通过节点向前传播到隐节点，经过激励函数后，再把隐节点输出信息传到输出节点，最后输出结果。

对于网络的学习，采用反传学习算法（Back Propagation Learning Algorithm），简称为 BP 算法，其学习过程由网络正向计算和误差反传两部分组成。在网络的正向计算中，输入信息从输入层经隐含节点逐层处理，并传到输出层。在正向学习过程中，每一层神经元的状态只影响到其上一层神经元的状态，然后由正向计算得出的输出节点的实际输出与期望值进行比较，将误差沿原来的连接通路返回，通过修改各层神经元的权值和阈值，使得误差最小。

设各神经元激励函数选取为 Sigmoid 型函数[88]，即

$$f(x) = \frac{1}{1 + e^{-x}} \tag{6-3}$$

学习样本 $(\boldsymbol{x}_p, \boldsymbol{y}_p)$ $(p = 1, 2, \cdots, N)$。其中，$\boldsymbol{x}_p$、$\boldsymbol{y}_p$ 分别为第 p 个样本的输入矢量和输出矢量，对于某一输入 $\boldsymbol{x}_p$，网络的期望输出为 $\boldsymbol{y}_p$，节点 i 的输出为 $\boldsymbol{O}_{pi}$，节点 j 的输入为

$$\mathrm{net}_{pj} = \sum_i \boldsymbol{W}_{ji} \boldsymbol{O}_{pi} \tag{6-4}$$

在学习过程中，系统将调整网络联接权值和阈值，尽可能降低网络的期望输出与实际输出之间的误差 $\boldsymbol{E}_p$。

$$\boldsymbol{E}_p = \frac{1}{2} \sum_k (t_{pk} - \boldsymbol{O}_{pk})^2 \tag{6-5}$$

式中　t_{pk}——学习样本的实际输出。

6.2.3　巷道稳定性安全评价指标的神经网络聚类分析

在实际中，评价巷道围岩稳定性的指标往往有很多，如地质因素、受力源、围岩物理力学性质和开采技术条件等。作为安全评价指标，一方面必须遵循能够从各个不同的侧面较全面地反映巷道的属性，这就要求指标多；另一方面，从工程应用的角度讲，指标过多则给评价和应用带来困难。为此，需要寻求一种解决上述矛盾的有效途径。

6.2.3.1　基于无监督学习的聚类分析模型

1. 自组织映射无监督聚类法

自组织特征映射法是一种无监督的聚类方法，与传统的模式聚类相比较，它所形成的聚类中心能映射到一个曲面或平面上，而保持拓扑结构不变。设 $\boldsymbol{X} \in \boldsymbol{R}^k$ 为输入模式向量，$\boldsymbol{W}$ 为权值向量矩阵，$\boldsymbol{Y} \in \boldsymbol{R}^N$ 为输出节点的匹配响应，如图 6-11 所示。

在时刻 t 有：

$$\boldsymbol{Y} = \boldsymbol{W} \oplus \boldsymbol{X} \tag{6-6}$$

式中，$\oplus$ 代表一种运算，选择该种运算为 Euclidean 距离运算，即

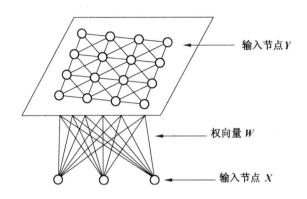

图 6 - 11 自组织特征映射神经网络

$$Y = \| W(t) - X(t) \|_E \qquad (6-7)$$

输出节点响应的大小意味着该节点关于输入模式矢量的匹配程度。求最佳匹配的条件为

$$Y_{opt}(t) = \min\left[y_i(t) \,\middle|\, i = 1, 2, \cdots, N \right] \qquad (6-8)$$

然后在该节点及其拓扑领域依下列规则作调整：

$$W_{ij}(t+1) = \alpha(t) \cdot \left[x_i(t) - W_{ij}(t) \right], i \in N_c(t) \qquad (6-9)$$

式（6-9）中的 $\alpha(t)$ 为调节系数；$N_c(t)$ 为 t 时刻以 c 为中心的神经单元个数。

2. 无监督聚类法实现过程

根据上述思想，无监督聚类法网络的拓扑结构如图 6-12 所示，实现将 k 个输入模式 $X_k = (x_1^k, x_2^k, \cdots, x_n^k)$ 聚为 p 个类别，其中 x_i^k 为输入模式的 n 个分量。

实现聚类分析的算法过程为

（1）激活所有的输出节点 i（$i = 1, 2, \cdots, I$）。

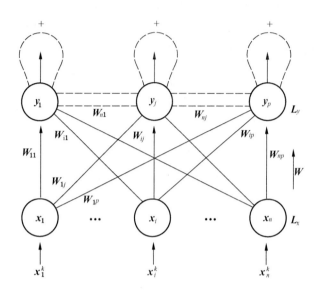

图 6 - 12　无监督聚类法网络的拓扑结构

（2）初始化权值 $W_{ij} = \varepsilon_{ij}$，此处 ε_{ij} 为随机函数 $-1 < \varepsilon_{ij} < 1$。

（3）输入模式向量 $\{x_j\}$，$j = 1，2，\cdots，N$。

（4）计算 Euclidean 距离平方：$ED_{ij}^2 = \sum_{i=1}^{N} (W_{ij} - X_j)^2$。

（5）确定节点 i 是否满足 $ED_{ij}^2 < ED_{kj}^2$，对于所有的 $k = 1$，$2，\cdots，I$，$k \neq i$。

（6）若满足 $ED_{ij}^2 \leqslant ED_{ij}^2$，则指定模式 $\{x_j\}$ 归属于节点 i，此处 ED_{ij}^2 是可选择的极限半径，若超出该半径，则认为不属于 i 类。

（7）更新权系数 $W_{ij}(n+1) = \dfrac{1}{n+1} W_{ij}(n) + \dfrac{1}{n+1} x_j$，$n$ 的初

值为 0，在输入第一个模式后，$W_{ij}(1) = x_j$。

（8）输入下一模式，确定其属于哪个节点，并相应地更新 $\{W_{ij}\}$ 权值。

6.2.3.2 围岩稳定性安全评价指标的选取[102]

1. 三个围岩强度指标（$\sigma_{顶}$、$\sigma_{底}$、$\sigma_{帮}$）

对于围岩强度，选取围岩单轴抗压强度，并分为顶板强度 $\sigma_{顶}$、底板强度 $\sigma_{底}$ 和两帮强度 $\sigma_{帮}$。对于 $\sigma_{顶}$，取下位直接顶板 4～5 m 范围内各岩层分层的加权平均值来代表；$\sigma_{底}$ 则取直接底板 3 m 范围内各岩层加权平均强度；$\sigma_{帮}$ 也取两帮 3 m 范围内岩层强度的加权平均值。

2. 岩体品质因数 Q 指标

1974 年，Barton 提出了著名的岩体节理影响指标——岩体品质因数 Q。Q 值能够充分反映节理对围岩稳定性的影响，能够充分体现地质作用的结果。

3. 煤柱尺寸影响系数 ξ

回采巷道与一般的普通巷道相比，除了在地质条件、围岩物理性质、巷道本身形状及尺寸等基本条件相同外，它还有一个重要的不同点，即受回采所产生的支承压力的影响。若不考虑邻近回采工作面采空区稳定以后掘巷的情形，根据巷道受采动影响的程度，巷道类型可以划分为沿空留巷、小煤柱护巷和大煤柱护巷 3 种类形。事实上，对沿空留巷的情形可以视为煤柱尺寸为 0；而大煤柱护巷相当于不受采动影响，所以用煤柱尺寸可以表征回采压力的影响。对于不同煤层强度，极限稳定煤柱尺寸宽度 B 随采深 H 的关系如下：

$$B = \begin{cases} 15.43 + 0.098H & (\sigma_c < 10 \text{ MPa}) \\ 8.43 + 0.046H & (10 \text{ MPa} \leqslant \sigma_c \leqslant 20 \text{ MPa}) \\ 5.43 + 0.033H & (\sigma_c > 20 \text{ MPa}) \end{cases} \quad (6-10)$$

定义煤柱尺寸影响系数 ξ 为

$$\xi = 1 - \frac{B'}{B} \quad (6-11)$$

式（6-11）中，B' 是实际留设的煤柱尺寸。因此，用煤柱尺寸影响系数 ξ 可以体现回采压力的影响程度。

4. 顶板组合强度 R_I

顶板上位、下位结构组合状况对巷道的稳定性影响很大。比如，在 4~5 m 范围内的顶板，在岩性及各分层厚度相同的情况下，"上硬-下软"和"下硬-上软"两种不同的组合对巷道围岩的稳定性影响大不一样。一般情况下，"上硬-下软"型更不利于巷道围岩稳定，因此，对下位 2 m 厚度范围顶板给予权重 W_1 为 0.65；对上位 3 m 厚度范围顶板给予权重 W_2 为 0.35。定义上位 3 m、下位 2 m 厚顶板岩层的加权平均强度为顶板组合影响强度 R_I，即

$$R_I = \frac{1}{2}W_1 \sum \sigma_{下i} m_{下i} + \frac{1}{3}W_2 \sum \sigma_{上i} m_{上i} \quad (6-12)$$

5. 巷道跨度 L

巷道跨度 L 的大小对回采巷道稳定性影响较大。一般来说，跨度越大，稳定性越差；跨度越小，稳定性越好。

6. 采深 H

同一围岩性质的巷道处于不同的采深，其应力状态及显规律是不一样的。在以重力型地应力作用下，采深 H 越大，越不易支护，因此选择采深作为重力型地应力指标来反映巷道稳定性。

7. 倾角 α

岩层倾角的大小不仅对巷道断面的成形影响较大，而且对巷道稳定性和支护形式的选择也有较大影响。

6.2.3.3 巷道稳定性安全评价指标无监督学习聚类分析

对于上述 9 项指标，可将巷道分为 4 类，其各类指标标准值见表 6-1。按照表 6-1 所述的指标顺序建立数据文件，对上述 9 项指标进行聚类分析如下：

（1）当门限值 Threshold 取 6 时，指标聚为 7 个类别：$\{\sigma_{顶}, \sigma_{底}, \sigma_{帮}\}$，$\{Q\}$，$\{\xi\}$，$\{R_I\}$，$\{L\}$，$\{H\}$，$\{\alpha\}$。

（2）当门限值 Threshold 取 15 时，指标聚为 6 个类别：$\{\sigma_{顶}, \sigma_{底}, \sigma_{帮}\}$，$\{Q\}$，$\{\xi\}$，$\{R_I\}$，$\{H\}$，$\{L, \alpha\}$。

表6-1 回采巷道分类指标标准值

类 别	$\sigma_{顶}/$ MPa	$\sigma_{底}/$ MPa	$\sigma_{帮}/$ MPa	Q	ξ	$R_I/$ MPa	$L/$ m	$H/$ km	$\alpha/$ (°)
I类，极难支护	5	2	0.5	0.1	1	10	2.8	0.3	45
II类，难支护	25	20	10	1	0.7	20	3.2	0.5	25
III类，较易支护	50	35	20	5	0.4	30	4.8	0.8	15
IV类，易支护	80	60	30	10	0	40	6.0	0.9	10

（3）当门限值 Threshold 取 20 时，指标聚为 5 个类别：$\{\sigma_{顶}, \sigma_{底}, \sigma_{帮}\}$，$\{Q\}$，$\{\xi, H\}$，$\{R_I\}$，$\{L, \alpha\}$。

（4）当门限值 Threshold 取 30 时，指标聚为 4 个类别：$\{\sigma_{顶}, \sigma_{底}, \sigma_{帮}\}$，$\{Q, R_I\}$，$\{L, \alpha\}$，$\{\xi, H\}$。

（5）当门限值 Threshold 取 50 时，指标聚为 3 个类别：$\{\sigma_{顶}, \sigma_{底}, \sigma_{帮}, R_I\}$，$\{\xi, H\}$，$\{L, \alpha\}$。

以上结果表明，随着 Threshold 值的增大，指标所聚的类别减少，当 Threshold 取值为 30 时，指标聚成 4 类。在这 4 个类别中，顶板强度 $\sigma_顶$、底板强度 $\sigma_底$、两帮强度 $\sigma_帮$ 是从围岩的物理力学性质方面来反映巷道属性的；Q 值、顶板组合强度 R_l 则侧重于节理、构造及顶板组合状况来反映巷道的属性；而煤柱尺寸影响系数 ξ 及采深 H 是从巷道围岩的受力状况来反映巷道属性；至于巷道跨度 L 和倾角 α，则是以开采的技术条件和工程环境来反映巷道属性。

6.3 巷道围岩稳定性安全控制设计

6.3.1 安全控制设计理念及原则

1. 安全控制系统设计理念

目前，在我国巷道锚杆支护设计方面还没有一个成型的设计理念。一个锚杆支护设计方案只是锚杆的基本参数，如锚杆长度、强度以及支护密度，而对锚杆支护系统设计的几个最关键点却很少有人研究。

（1）安全控制系统要有让压特性。对于大采深、高应力的条件，巷道支护系统本身必须具有变形让压功能，其作用和液压支架的安全阀一样。在锚杆所受的力达到其强度极限前让压变形以保护杆体，并实现有控制让压，然而，让压特性必须经过科学设计。

（2）控制系统要有安装应力。锚杆支护是一种主动支护系统，然而要想实现主动支护，必须在锚杆安装时施加合理的安装应力，以控制围岩的早期变形。所以，在锚杆支护系统设计时必须把锚杆的安装应力作为一个主要设计参数考虑。

（3）系统要有合理的支护强度。合理的锚杆强度设计是支护成功的另一重要因素[97]。目前，我国有的支护难度较大的矿区一味追求高强度、大直径的锚杆，而由于没有充分考虑围岩和支护系统的作用关系，所以效果不明显。

2. 安全控制系统设计原则

科学的巷道围岩安全控制设计不是简单地在顶板安装锚杆，而是使每一根安装的锚杆都发挥它的最大作用。在顶板控制实践中，锚杆的支护机理是几种理论综合作用的结果。对于煤系地层来说，由于煤系地层是层状沉积岩层，组合梁是最适合的理论。然而，工程实践中锚杆的支护机理往往是几种支护机理的共同作用[79,86,89-90]。

1）最佳组合梁理论

顶板是由不同层状岩体组合成的层状组合梁。为了使组合梁达到其最佳强度，应该设计合适的锚杆长度及锚杆系统的安装应力。最佳组合梁的锚杆系统设计应满足下列条件：

（1）通过调整安装应力，使锚杆支护系统能够控制锚固范围内的顶板离层，这需要选择合理的锚杆类型和安装应力。

（2）锚固系统应能够减少或消除顶板的拉应力区。

（3）锚杆应能够锚固在稳定的岩层中。

（4）锚固系统应有足够的能力来控制顶板，并且在整个支护期间内不失效。

2）松动圈加固与控制

巷道开挖后必然会形成一定破坏范围，但围岩松动圈实际上是一个动态的数据，它与施加的支护体系的强度、预应力大小、预应力施加时间及围岩结构、地压强度等都有关系。施加合理的支护结构、控制围岩松动圈的发展和煤岩体的自身强度是巷道围岩安全控制的主要目标。

为了保证巷道围岩的稳定性，支护系统应满足下列条件：

（1）锚杆安装应力（预应力）对主动支护体系——锚杆支护系统来说非常关键，锚杆支护系统必须有充足的安装应力，才能够防止顶板离层和松动圈的进一步发展，尽可能控制顶板的早期变形。

（2）锚杆的长度应保证锚杆锚固在松动圈外的稳定围岩中。

（3）锚杆的强度应保证支护系统在巷道使用期间不破坏。

（4）对深部高地应力情况下的巷道支护来说，不能采用"硬抗"支护理念。锚杆支护系统必须有变形让压功能，以防止在锚杆过载阶段或动压影响下破断。

（5）支护系统的可靠性煤层埋深大、地压大，在工作面平巷掘进施工过程中"煤炮"频繁发生，经常发生动力现象，因此所确定的支护系统不仅应具有足够承载静压力的能力，而且还应该具有承载动载荷的能力。

（6）设计的支护系统必须确保现场施工人员的安全和顶板控制的安全。

（7）支护系统必须确保能够有效地控制巷道变形，确保巷道的安全使用。

（8）在满足安全性、有效性和可靠性的前提下，要尽可能增大锚杆锚索间排距，以提高巷道掘进速度。

（9）支护系统的效率系数是衡量支护系统合理性的重要指标。效率系数分为初期效率系数、过程效率系数和最终效率系数。合理的锚杆预应力是衡量锚杆初期效率系数的重要指标，合理的支护系统其初期效率系数应该控制在40%左右，最终效率系数应该控制在80%左右。

目前，国内的锚杆由于受材质、锚杆结构和锚杆配套（如托盘、螺母和锚固剂等)、安装方式的影响,往往初期效率系数很低,进而过程效率系数和最终效率系数也低,造成支护的很大浪费。支护系统和支护参数的确定必须根据实际地质和采矿条件,在合理设计原则的基础上对锚杆类型、锚杆长度、锚杆安装载荷、锚杆承载力、锚杆让压性能、辅助支护、表面控制等进行设计。

6.3.2 高强高预应力柔性锚杆设计

预应力锚固技术是在预应力混凝土技术及楔式锚杆原理基础上发展起来的新的两点式预应力结构。其对于地下硐室周围的破碎岩体或坝基及高边坡岩体的加固,是通过在岩体中钻孔并对孔中锚固的锚杆或锚索施加预应力,起到稳定岩体的作用[88]。预应力锚杆支护是一种高效、经济、安全的巷道围岩控制方法,在巷道支护中越来越显出其突出的优点。在支护与围岩的相互关系上,这种支护有以下3个突出特点:

(1)符合岩体与支护结构共同承载的基本支护思想。

(2)及时主动支护,即在岩体开挖早期就进行锚杆安装,安装后即对围岩提供显著的轴向和横向的支护阻力,避免岩体松动和塑性松动圈的增大。

(3)属于柔性支护,选择合理的支护刚度,使支护完成后仍能与岩体一起产生少量的位移,释放部分能量,既保持岩体受力平衡,又保持支护结构不失稳。新型预应力锚杆则是在此基础上采用了一种合理有效的让压,并在锚杆接近过载时像安全阀一样起到让压保护锚杆杆体的作用的预应力锚杆。

6.3.2.1 锚杆刚度要求

根据有关资料要求,在深井多元应力作用下巷道锚杆最大稳定载荷应大于16.8 t。如果考虑到超前支撑压力的影响,锚杆就承受一定的变形载荷。很明显，如果锚杆没有一点让压性能而光靠锚杆本身的变形率，锚杆破断现象就不可避免。所以，在锚杆设计时，一方面要选用高强锚杆，另一方面要设计锚杆的变形让压功能。锚杆在支护过程中既能支护好顶板，又能让掉部分不必要的载荷。锚杆材质要求：屈服强度 Q 不小于 500 MPa；直径 ϕ 不小于 22 mm；屈服载荷大于 17 t；最大抗拉载荷大于 24 t。

6.3.2.2　锚杆柔性结构设计

有两种途径可以实现锚杆让压功能：一种是把杆体本身做成可变形结构，但变形参数难控制且成本太高；另一种是保持杆体本身不变，利用柔性管进行让压。根据不同的要求，柔性管可以设计制造成不同特性，其基本设计参数如下所述。

1. 让压点

让压点即柔性管设计的起始让压载荷。锚杆在巷道掘进过程中承受的总载荷小于锚杆的实际屈服极限，以保证锚杆在掘进过程中不发生屈服破坏，同时为动压变形留有充分的余地。根据锚杆试验室的实际拉拔试验，所选锚杆的实际屈服载荷为 22 t 左右，故让压点设计为 17~20 t。

2. 让压载荷的稳定性

一旦柔性管开始让压，载荷须基本保持稳定，过大的载荷下降会导致顶板支护效果不佳。让压稳定性的标准可以用让压稳定性系数衡量。

$$w = \frac{R_t - R_0}{D} \qquad (6-13)$$

式中　w——让压稳定性系数，应以不大于 0.2 为宜，t/mm；

　　　R_t——让压终端载荷，t；

　　　R_0——让压点起始载荷，t；

D——最大让压变形，mm。

3. 最大让压距离

柔性管从稳定让压开始到载荷开始增加的距离，其大小根据巷道变形地压的具体情况而定。根据经验，最大弹性让压距离应不小于 20 mm。

柔性管必须稳定一致达到设计标准。为了保证柔性管的参数符合设计要求，根据设计参数选用一定的材料，对柔性管的外形尺寸进行设计，并生产出样品，在试验室中对柔性管进行数以百计的试验。图 6 - 13 所示是柔性管成品，图 6 - 14 所示是试验后的柔性管，图 6 - 15 所示是 7 条典型的柔性管测试曲线，图 6 - 16 所示是柔性管试验散点和回归拟和曲线，y 为柔性管的吨位，x 为柔性管的变形（单位为 mm）。根据回归拟和曲线图，柔性管的回归曲线方程和实际参数为

图6-13 柔性管成品　　　　图6-14 试验后的柔性管

回归曲线方程：

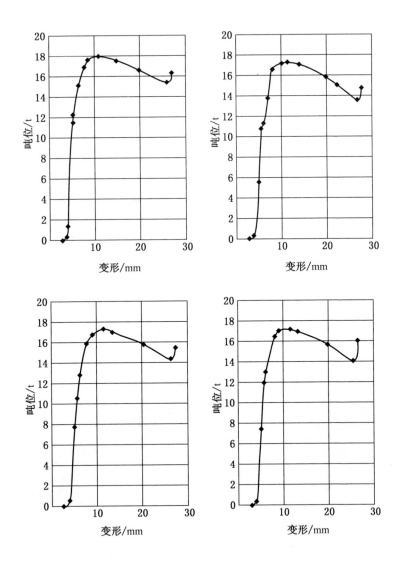

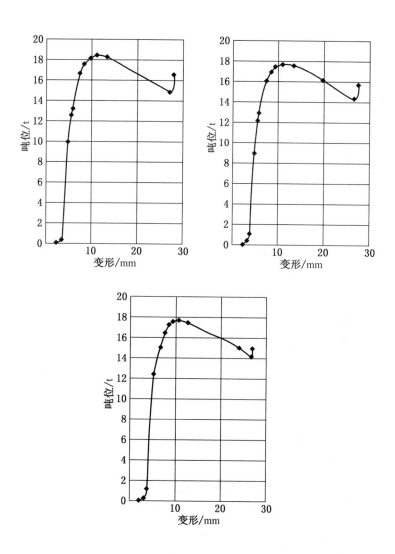

图 6-15 典型的柔性管测试曲线

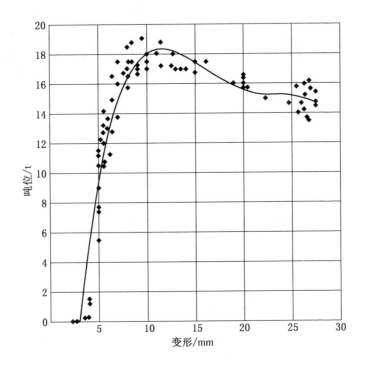

图 6 - 16　柔性管试验散点和回归拟和曲线

$$y = -0.0004x^4 + 0.0295x^3 - 0.8653x^2 + 9.9236x - 24.1325$$

$$(6-14)$$

$$R^2 = 0.9136$$

R^2 等于 0.9136，说明柔性管性能很稳定，柔性管的参数非常可靠；让压点为 19 t；最大弹性让压距离为 25 mm；让压稳定性系数 $w = \dfrac{R_\text{t} - R_0}{D} = \dfrac{19 - 15}{25} = 0.16(\text{t/mm})$。

6.3.2.3　阻尼螺母设计及锚杆辅助部件

阻尼螺母是高强可变形柔性锚杆的重要组成部分之一。阻尼螺母的作用：

（1）锚杆安装时保证树脂搅拌均匀，在搅拌树脂时，阻尼足够大而不打开。

（2）搅拌树脂完毕后，树脂初凝，上紧螺母时，利用锚杆机的输出扭矩阻尼必须很容易打开。

（3）保证锚杆安装后，在给定的锚杆机输出扭矩的条件下，锚杆能获得最大的安装应力。

阻尼螺母参数设计必须根据每个矿的安装机具、锚杆参数以及树脂类型和用量而设计。阻尼螺母参数和要求如下：

阻尼螺母材料的选择：阻尼螺母材料的选择需要考虑两个因素。一是合适的材料必须保证强度的要求；二是合适的材料必须能够和锚杆杆体最佳配合，以取得最佳的安装载荷。

阻尼材料的选择：阻尼材料不但要满足设计要求，而且打开阻尼后，螺母内残留的阻尼材料不能影响安装载荷。

阻尼螺母参数：阻尼为 $120 \text{ N} \cdot \text{m}$。

垫圈：为了减小摩擦阻力，提高安装应力，在锚杆系统设计中设计了专门的减阻垫圈。

6.3.2.4 锚杆杆体的加工要求

锚杆加工要经过以下工艺：

（1）下料。把原材料切割成所需的锚杆长度。

（2）滚圆。把螺纹钢需要滚丝的部位的螺纹滚圆。

（3）滚丝。把锚杆端部按设计的长度滚丝。

（4）螺母制造并填充阻尼。按设计要求制造螺母并填充阻尼。

（5）组装。把各部件组装在一起完成锚杆的制造过程。

一般情况下，由于滚圆和滚丝工艺破坏锚杆的局部强度，所以锚杆将在加工部位破断，造成锚杆的不等强性。采用特殊的加工工艺可使加工过程中不破坏锚杆的强度。成品锚杆在做拉拔试验时，锚杆只在杆体上破断，而不在加工部位破断，以达到等强效果。试验室拉拔试验后的锚杆破断状态如图 6-17 所示。

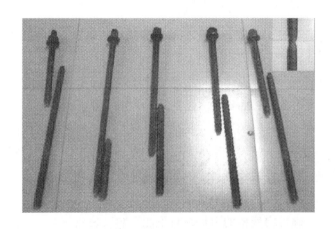

图 6-17　试验室拉拔试验后的锚杆破断状态

6.3.2.5　高强可变形柔性锚杆综合拉拔试验

图 6-18 所示是高强高预应力柔性锚杆总装图。为了确保锚杆性能符合设计要求，在试验室中进行了综合拉拔试验。图 6-19 所示是拉拔后锚杆及柔性管的变形破坏状态。图 6-20 所示是无柔性管和有柔性管拉拔试验曲线。从图 6-20 中可以看出：

（1）掘进阶段。无柔性管锚杆，锚杆迅速达到其屈服载荷，而允许变形仅仅为 12 mm，在掘进期间，锚杆很可能发生塑性破坏。一旦发生达到屈服阶段，锚杆将失去其稳定支撑能力，再有载荷增加或变形扰动就会让锚杆破断；而有柔性管的锚杆，在接

图6-18 高强高预应力柔性锚杆总装图

图6-19 拉拔后锚杆及柔性管的变形破坏状态

近锚杆屈服前,锚杆迅速承受载荷,达到18 t左右时(锚杆实际屈服载荷为22 t),柔性管开始启动让压而锚杆仍然在弹性变形阶段。这样一方面保证锚杆系统在掘进期间不发生塑性破坏,另一方面保证巷道围岩在18 t支撑作用下有控制让压,允许巷道有一定的可控制变形,以保证围岩的稳定性。

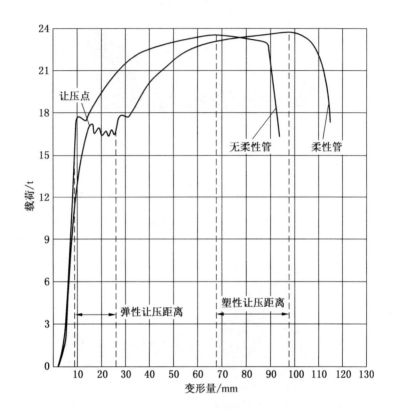

图 6-20　无柔性管和有柔性管拉拔试验曲线

（2）采动阶段。柔性管的最大弹性（对锚杆杆体来说）让压距离为 25 mm。掘进期间将有一部分用于巷道掘进期间的变形。当巷道受工作面动压影响时，一部分剩余的让压变形将在受动压影响时发生作用。当距离工作面 30～50 m 时，巷道开始受动压影响，巷道变形进一步增加，柔性管将进一步让压到最大让压距离，然后锚杆载荷增加到屈服点，锚杆杆体开始屈服。在此期间，辅助支护和巷道超前支护将和锚杆支护一起支护顶板，直到工作面通过。

柔性锚杆可以调整锚杆所受的载荷，避免锚杆过载破坏，实现巷道有效控制变形，使巷道的"支—控"关系更加协调，"支—控"耦合效果更加显著，降低了一个锚杆直径等级，明显改善了巷道支护效果。

6.3.2.6　锚杆支护系统参数设计原则

巷道围岩松散破碎范围是决定锚杆长度的重要因素。原则上讲，锚杆的长度应该足以锚固到松散破碎范围以外的一定深度。通常将摩尔－库仑准则作为围岩的破坏准则。摩尔－库仑准则是岩石和岩土中应用最广泛的准则之一。为了确定巷道围岩的剪切破坏范围，根据摩尔－库仑准则推导出摩尔－库仑安全系数。摩尔－库仑安全系数法是最常用，也是相对可靠的方法。

根据摩尔－库仑准则：

$$\tau = C + \sigma\tan\varphi$$

式中　C——岩石的内聚力，MPa；

　　　φ——摩擦角，(°)。

在三轴应力状态下的极限平衡条件，即摩尔－库仑准则可以使用极限主应力 σ_1 和 σ_3 来表示：

$$\sigma_1 = 2C\sqrt{\frac{1+\sin\varphi}{1-\sin\varphi}} + \frac{1+\sin\varphi}{1-\sin\varphi}\sigma_3 \qquad (6-15)$$

摩尔－库仑安全系数计算公式可以表示为

$$K_{sf} = \frac{K\sigma_3 + C}{\sigma_1} \qquad (6-16)$$

式中　K——与最大主应力有关的系数；

　　　σ_1——最大主应力，MPa；

　　σ_3——最小主应力，MPa；

　　C——岩石的内聚力，MPa。

　　根据经验和大量的实测数据，巷道顶板的摩尔－库仑安全系数 $K_{sf} > 1.2$ 的范围被认为是安全的；$K_{sf} < 1.0$ 的范围是不稳定范围；$1.0 \leqslant K_{sf} \leqslant 1.2$，岩层稳定但不安全。对不稳定范围（$K_{sf} < 1.0$），需要对其支护控制，锚杆要锚固到安全稳定的岩层中。

　　对两帮来说，通常认为安全系数 $K_{sf} > 1.0$ 的区域是安全的，如果 $K_{sf} < 1.0$ 被认为是不安全的，就需要对巷道侧帮进行支护控制。

6.4　本章小结

　　本章通过对巷道围岩稳定性安全评价指标的聚类分析和对围岩稳定性安全控制的设计研究，取得如下主要结论：

　　（1）建立了无监督聚类分析模型，并对影响巷道围岩稳定性的诸因素进行了聚类分析，得出围岩强度、顶板组合强度是影响巷道围岩稳定性的主要因素。

　　（2）对于大采深、高应力的条件，巷道围岩安全控制系统本身必须具有变形让压功能，柔性锚杆可以调整锚杆所受的载荷，避免锚杆过载破坏，实现巷道有控制变形，使巷道的"支—控"关系更加协调，"支—控"耦合效果更加显著。

　　（3）对于在多元应力作用下的深井巷道，在锚杆安装时施加合理的安装应力可以控制围岩的早期变形，所以锚杆的安装应力（预应力）是巷道围岩安全控制设计的一个重要参数。

　　（4）合理的锚杆强度是巷道围岩安全控制设计的另一个重要参数。根据试验结果，锚杆的屈服强度不小于 500 MPa，屈服载荷大于 17 t，最大抗拉载荷大于 24 t。

7 工程应用实例

7.1 某矿井地质条件

7.1.1 地层结构

某矿地层由老到新的岩性描述如下：

(1) 奥陶系石灰岩：煤系基盘，总厚度为 800 m 左右。

(2) 中石炭本溪统：以杂色砂质黏土岩为主，夹标志层草埠沟灰岩，徐家庄灰岩并夹煤线，下部为残余铁矿，与奥陶系石灰岩呈假整合接触。

(3) 太原统：灰色、灰黑色粉细砂岩和黏土岩，间夹第一、二、三、四层石灰岩，为矿区的主要标志层，总厚度 156 ~ 236 m，含可采煤层 6、11、13、15、16 号煤层。

(4) 下二叠系：山西组下部主要由粉细砂岩、薄层黏土层及泥岩组成，含可采煤层 1、4 号煤层，上部以杂色细砂岩和黏土岩为主。

(5) 第三系：厚度较大，探明厚度 0 ~ 1030 m，其中砾岩厚 0 ~ 960 m，钙质和泥质胶结，坚硬；其下部为 20 ~ 60 m 的红层，红层含砾粉砂岩，胶结较松散，遇水膨胀。

(6) 第四系黄土层：厚 0 ~ 8 m，覆盖砾岩及煤系露头之上。

7.1.2 地质构造

井田在新蒙向斜南翼西端，为短轴倾伏向斜构造。地层走向东翼 38° ~ 60°，中部 290° ~ 310°，西翼 340° ~ 350°，地层倾角一般为 26°~35°。井田内共有 12 条较大断层，最大落差 28 m，东西翼均有褶曲地段，西部由于受到 F6 号断层的影响，水文情况较为复杂，其他地段构造简单，无大断层。砾岩层内层面较多且起伏不平，局部含水，无断层切割，整体强度较大。

7.2　支护系统参数的选择

7.2.1　支护系统基本参数

主体支护方案采用"锚杆+锚索+金属网+W 型钢带+桁架锚杆"联合支护，在此支护方案的基础上试验 20 排桁架，桁架布置如图 7-1 所示。在 100 m 的试验段内，桁架最好安装在条件相对较差的地段。

1. 锚杆

锚杆类型：高强度高预应力柔性锚杆（Q500）。

锚杆排距：不大于 1000 mm，前期试验段锚杆排距 800 mm。

锚杆间距：如图 7-1 所示。

锚杆长度：顶、帮锚杆长度 $L = 2400$ mm。

锚杆直径：顶、帮锚杆直径 22 mm。

锚杆钻孔直径：28 mm。

锚杆树脂：K2850×2。

2. 锚索

锚索长度：4500 mm。

锚索直径：17.8 mm。

锚索钻孔直径：28 mm。

锚索树脂：Z2350×4。

锚索布置如图 7-1 所示。

3. 桁架

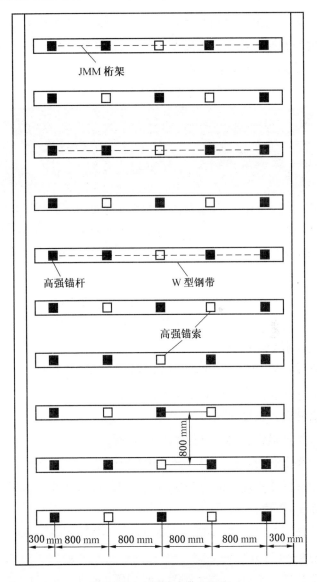

图 7-1 上平巷支护平面图

一套桁架由 2 个桁架角、2 个 U 型卡、2 个钢绞线锚具、2 个球形垫圈和 1 条水平钢绞线组成。桁架隔排施打，桁架布置如图 7 - 2 所示。

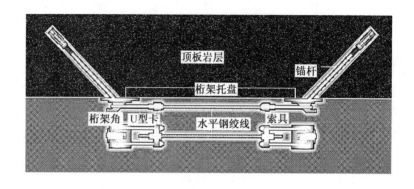

图 7 - 2 锚杆 - 锚索桁架系统

4. 其他

钢带：W 型钢带（W270 - 2.75）钢带厚度 2.75 mm，成型宽度 270 mm。

柔性管：长度 40 mm。

锚杆、锚索、桁架布置如图 7 - 2 所示。

焊接金属网规格：100 mm × 100 mm × ϕ6 mm（冷拔钢丝）。

顶网尺寸：长 × 宽 = 4000 mm × 1000 mm（1 片）或 2000 mm × 1000 mm（2 片）。

下帮网尺寸：长 × 宽 = 2600 mm × 1000 mm 或 1400 mm × 1000 mm（2 片）。

上帮网尺寸：长 × 宽 = 2000 mm × 1000 mm（1 片）、1400 mm × 1000 mm（1 片）。

7.2.2 支护材料

1. 锚杆、锚索及锚固剂

锚杆采用高强高预应力柔性锚杆，直径为 22 mm，长度为 2400 mm，锚杆外露长度不大于 30 mm，每根锚杆均用 2 只型号为 K2350 树脂锚固剂固定，锚固长度不少于 1000 mm，锚固剂直径为 23 mm，每块长度为 500 mm，铁托盘为正方形，规格为长×宽＝150 mm×150 mm，用 10 mm 钢板压制成弧形，锚杆使用配套标准阻尼螺母紧固，每根锚杆锚固力不小于 200 kN。

锚索用直径 17.8 mm 的高强锚索，长度 4500 mm，该锚索破断力 36 t，锚固长度 2000 mm（锚到稳定岩层为 2 m），钢绞线配合锁头、锚索托盘；外露部分为 300 mm；每孔使用 4 块直径 23 mm、长度 500 mm 的树脂锚固剂固定，锚固力不低于 300 kN，锚索托盘采用 200 mm×200 mm×10 mm 的高强托盘，锚固剂型号为 Z2350，锚索预应力 10 t。

2. 金属网

顶部采用直径 6 mm 的冷拔钢筋制作的经纬网，规格为长×宽＝4000 mm×1000 mm（或 2000 mm×1000 mm，2 片），网格为长×宽＝100 mm×100 mm。网要压茬连接，搭接长度不小于 100 mm，相邻两块网之间要用 14 号铁丝连接，连接点要均匀布置，间距不大于 400 mm。

两帮采用直径 6 mm 的冷拔钢筋制作的经纬网，上帮锚网规格为长×宽＝2000 mm×1000 mm（1 片）、1400 mm×1000 mm（1 片），网格为长×宽＝100 mm×100 mm，相邻两块网压茬不小于 100 mm，且用 14 号铁丝连接，相邻两个连接点的距离不大于 400 mm，均匀布置。

3. W 型钢带

顶和帮均采用 JDW275 – 2.75W 型钢带，展宽300 mm，成型宽度275 mm，板材厚度 2.75 mm，顶板钢带长度 3.8 m；上帮钢带长度为 2.0 m 和 1.15 m 的两段，下帮钢带长度为 2.3 m。

4. 支护材料每米用量

锚杆 13.2 套，树脂锚固剂 30 块，冷拔经纬网 11.5 m²，W型钢带 4 根，高强锚索 1.88 套，锚杆柔性管 13.2 个。

5. 物料存放

现场至少备有 50 套锚网支护的材料，并在掘进面外 100 m 范围内的料场中挂牌管理，分别存放，码放整齐，并与轨道间的安全间隙不小于 0.5 m。

7.3　支护系统测试与安装

7.3.1　锚杆安装与测试

1. 锚杆安装工艺

（1）打孔，用锚杆机打 2350 mm 深的钻孔，孔深比锚杆短 50 mm。

（2）把树脂药卷和锚杆推入规定的孔位。利用锚杆和锚杆搅拌器通过锚杆机的上推力把树脂推入孔中，直到锚杆托盘离顶板 20 mm 左右。注意在上推树脂时严禁旋转，严禁把托盘死死压在顶板上。

（3）完成第二步后，迅速旋转锚杆搅拌 20 ~ 25 s（旋转搅拌时不要施加上推力），然后顺势上推锚杆使托盘贴近顶板（托盘离顶板的距离为 5 mm 左右）。

（4）完成搅拌后停 60 ~ 120 s 让树脂充分凝固。

（5）上紧螺母，旋转搅拌器上紧螺母。在紧螺母时应给最大扭矩，而不要施加上推力，以最大限度地上紧螺母。

（6）用扭矩放大器或手动加长扳手，进一步上紧螺母，达到规定的安装应力。

锚杆安装可以总结为，一推（推树脂至钻孔规定位置），二转（旋转搅拌树脂），三等（等树脂充分凝固），四紧（紧固螺母）。

在安装过程中要严格按安装步骤执行，否则会出现"长尾锚杆"或打不开阻尼现象，这会大大影响锚杆支护效果，甚至失效。

2. 测试步骤

（1）按正常安装步骤用锚杆机安装锚杆，并把压力表安置于托盘和垫板之间。安装好后，读压力表读数并测量安装扭矩。

（2）锚杆钻机安装锚杆，锚杆钻机加扭矩放大器测试安装应力和对应的扭矩。

3. 锚杆安装测试结果

1）1号锚杆

1号锚杆打在顶板上，顶板已经破碎且凹凸不平，测试结果如下：

锚杆机安装后即时载荷	5 t
锚杆机和锚杆分离后载荷	4.2 t
安装扭矩	200 N·m
载荷扭矩比	$4200/200 = 21 \text{ kg}/(\text{N·m})$

由于顶板破碎，锚杆没打在钢带上，所以扭矩放大器试验失败并扭坏了一个扭矩放大器。

2）2号锚杆

2号锚杆打在帮上，并在锚杆测力器和帮间放了一片钢带，以防止挤碎帮部已破碎的岩石。试验结果如下：

锚杆机安装后即时载荷	7 t
锚杆机和锚杆分离后载荷	5.7 t
安装扭矩	210 N·m
载荷扭矩比	5700/210 = 27 kg/(N·m)
扭矩放大器即时载荷	11 t
扭矩放大器分离后载荷	10 t
安装扭矩	310 N·m
扭矩载荷比	10000/310 = 32 kg/(N·m)

然后通过改变安装扭矩测试安装载荷，结果见表 7-1。

表 7-1　安装载荷记录表

扭矩/(N·m)	载荷/kg	载荷扭矩比/[kg·(N·m)$^{-1}$]
310	10000	32
290	8000	28
270	7000	26
240	6000	25
200	5000	25

安装载荷—扭矩变化曲线如图 7-3 所示。由图 7-3 可以看出扭矩和载荷的关系。在检查锚杆载荷时，可以通过测试扭矩通过此图所示扭矩与载荷的关系推算锚杆的受力。在本试验区，设计要求的安装载荷为 5 t。所以，锚杆安装后的扭矩不应小于 240 N·m。值得一提的是，锚杆安装质量检查必须在锚杆安装后立刻测扭矩，才是安装扭矩的值，它所对应的是初期安装载荷。如果锚杆安装后一段时间再测锚杆的扭矩值，所对应的已经不是初期安装载荷，而是岩层变形移动后的锚杆受力，一般情况下高于安装扭矩（载荷）的值。

通过此试验可以看出，采用锚杆机安装的锚杆，最大安装应

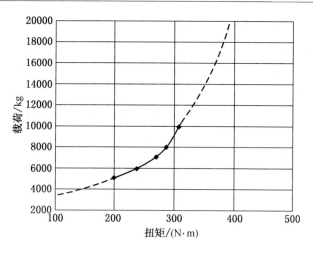

图7-3 安装载荷—扭矩变化曲线

力可以达到5.7 t。如果想再提高顶锚杆的安装应力,可以配合扭矩放大器实现6 t以上的预应力。

试验结果提供了锚杆安装检测标准:安装扭矩不小于240 N·m。

4. 拉拔试验

拉拔试验是为了检测锚杆支护为一个系统的性能,包括锚杆杆体、树脂和托盘。按正常安装程序安装锚杆并把拉拔环套在锚杆上,锚杆安装后1 h左右开始拉拔。拉拔试验记录表见表7-2。

表7-2 拉拔试验记录表

拉拔吨位/t	1	2	3	4	5	6	7
锚杆头位移/mm	0	0.004	0.008	0.34	0.6	0.8	1.12
拉拔吨位/t	8	9	10	11	12	13	
锚杆头位移/mm	1.5	2.08	2.52	2.9	3.4	3.9	

在拉拔过程中，由于底板不平，所以位移测量仪没能够记录完整的数据。12 t 后，位移计失效，锚杆最后拉到 24 t 无锚杆破坏现象，说明杆体、锚固剂均符合要求。然而，由于锚杆打在不平的顶板上，托盘中空，托盘变形较大，拉拔曲线如图 7 - 4 所示。有位移记录的曲线基本呈直线，加压感觉直到 24 t 时曲线应该基本呈直线，没有明显破坏现象发生，说明锚杆杆体和树脂处于良好状态，树脂和托盘都满足要求，锚杆整体表现没有问题。

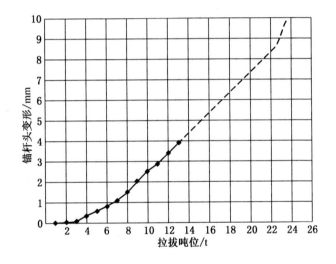

图 7-4　拉拔曲线

通过试验可以看出，所选的锚杆可以施加高安装应力，这可以充分发挥锚杆性能和有效地控制顶板早期变形。对于层理发育，在受动压影响以及破碎复杂地质条件下，锚杆的高安装应力能有效地控制巷道围岩变形。

7.3.2　锚索安装与测试

1. 锚索拉拔试验

ϕ17.8 mm 的高强锚索的拉拔力需要大于 30 t，设计选用 Z2350 树脂 4 只，正常情况下可以满足锚索的拉拔力。

2. 锚索安装

(1) 钻孔深度大于锚索长度(从托盘到锚索前端的距离)3 ~ 5 cm。

(2) 钻孔打好后，轻轻将选定的锚固剂推入钻孔，要确保不使锚固剂外壳破裂。

(3) 用安装好垫圈和托盘的锚索将锚固剂缓缓推入钻孔，直至推不动为止。

(4) 将预先安装在钻机上的锚索搅拌器跟锚索的尾部连接，快速搅拌锚固剂，搅拌锚固剂的同时钻机推力要最大，锚固剂搅拌时间为 25 ~ 30 s，搅拌锚固剂停止时要确保锚索托盘靠近岩面。

(5) 锚固剂搅拌完毕 15 ~ 20 min 后，用锚索涨拉器拉紧锚索，锚索预应力要达到 10 t。

7.4　某矿 1611 工作面回风巷支护效果测试

为全面了解 1611 工作面回风巷锚杆锚索支护的工作状态，掌握围岩的变形规律，以确定巷道的支护效果，以便及时采取措施，调整支护方案，通过监测来验证设计的正确性，检验支护质量，同时为深井巷道支护设计提供科学依据。

为了检验该支护系统的效果，在 1611 工作面回风巷施工时布置了 3 个断面观测站，对顶板锚杆受力、顶板下沉、两帮锚杆受力、两帮移近量等进行了观测。

7.4.1　巷道测站布置和要求

1. 断面观测点位置及间距

1611 工作面回风巷第一组断面位置在离开口约 110 m 处（试验段第 2 ~ 3 排处），第二组断面位置在离开口约 138 m 处（试验段第 28 ~ 33 排处），第三组断面位置在离开口约 196 m 处（试验段第 86 排处）监测断层附近或特殊围岩条件的巷道变形，断面间距可以适当扩大和缩小。

2. 测点布置方式及技术要求

测试断面测点布置图如图 7 – 5 所示。

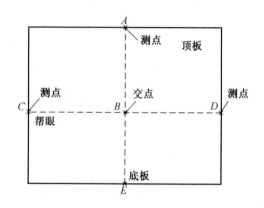

图 7 – 5　测试断面测点布置图

技术要求：

（1）要保证 A、B 测点的连线与底板垂直，C、D 的连线与底板平行。

（2）为准确定位测点位置，需在各测点所在位置的煤岩体内打一个深 0.5 m，直径为 29 mm 的钻孔，然后在钻孔中央放置一段长 0.55 m，直径为 20 mm 的螺栓，并用快硬树脂把螺栓固定在钻孔内，螺栓要露出顶板20 mm。

（3）测点布置后，应注意保护断面，防止测点被破坏。

3. 测试时间安排及测试要求

在测试断面布置的当天进行第一次测量，以后每隔2~3 d测一次数据。

7.4.2 1611工作面回风巷巷道围岩变形观测结果及分析

在1611工作面回风巷中共设置3个测站。

1. 测站Ⅰ观测数据及分析

表7-3是观测数据列表。图7-6所示是测站Ⅰ顶板和两帮锚杆载荷随观测时间的变化曲线。可以看出：

表7-3 1611工作面回风巷测站Ⅰ压力表记录表

观测时间	观测天数/d	距掘进面距离/m		压力表读数（锚杆工作阻力）/t	
		下帮	顶板	下帮	顶板
2006-01-01	1	5	5.6	7.5	5
2006-01-03	3	10.4	11.2	8	6.5
2006-01-06	6	19.2	20	8	7.5
2006-01-07	7	24	24.8	8	7.75
2006-01-10	10	35.2	36	7.5	9
2006-01-12	12	42	42.8	7.5	9
2006-01-14	14	48.8	49.6	7.5	9.65
2006-01-17	17	64.8	65.6	7.5	10
2006-01-20	20	79.2	80	7.5	10
2006-01-21	21	85.6	86.4	7.5	10
2006-01-23	23	91.2	92	7.5	10

（1）锚杆的安装应力大于5 t。

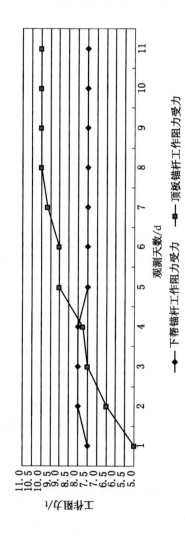

图 7 - 6　测站 Ⅰ 顶板和两帮锚杆载荷随观测时间的变化曲线

　（2）顶锚杆载荷在锚杆安装后的几天内快速增加，高安装应力和锚杆载荷的迅速增加充分控制了顶板的早期变形破坏，防止离层的发生；帮锚杆载荷较稳定。

　（3）顶锚杆载荷在 5 d 内基本达到稳定，顶锚杆载荷达到 9 t。

　（4）5 d 之后，顶锚杆载荷仍然以缓慢速度增加，但增加幅度不大。在观测 23 d 期间内，顶锚杆的最大载荷为 10 t，下帮为 8 t，帮锚杆载荷较稳定。

　1611 上平巷测站 I 不同阶段变形量对比表见表 7 - 4。

　从表 7 - 4 可以看出，巷道经历了 2 个阶段，即掘进开挖影响阶段和相对稳定阶段。

　（1）在测站 I 处巷道掘进 44 m 范围内，巷道表面位移速度较大，为掘进开挖影响阶段，经历 16 d。该阶段巷道顶底板移近量为 155 mm，平均移近速度为 9.7 mm/d，最大移近速度为 25 mm/d；巷道顶板下沉量为 37 mm，平均移近速度为 2.31 mm/d，最大移近速度为 3.0 mm/d；底鼓量为 118 mm，平均移近速度为 7.4 mm/d；两帮累计移近量为 148 mm，平均移近速度为 9.25 mm/d，最大移近速度为 26 mm/d；上帮移近量为 110 mm，平均移近速度为 6.9 mm/d，最大移近速度为 14 mm/d。

　（2）测站 I 处巷道掘进 44 m 后，变形相对稳定，进入相对稳定阶段，经历 62 d。该段时间内顶、底板累计移近量为 120 mm，平均移近速度为 1.94 mm/d，最大位移速度为 10 mm/d；顶板下沉量为 12 mm，平均移近速度为 0.19 mm/d，最大移近速度为 0.5 mm/d；底鼓量为 108 mm，平均移近速度为 1.74 mm/d；两帮累计移近量为 102 mm，平均移近速度为 1.65 mm/d，最大移近速度为 10 mm/d；上帮移近量为 80 mm，平均移近速度为

表 7-4 1611 上平巷测站 I 不同阶段变形量对比表

变形阶段	测点	巷道变形影响期/d	巷道影响范围/m	变形量/mm	平均移近速度/(mm·d^{-1})	最大移近速度/(mm·d^{-1})
掘进开挖影响阶段	顶板	16	44	37	2.31	3
	底板	16	44	118	7.4	
	巷道	16	44	155	9.7	25
	上帮	16	44	110	6.9	14
	两帮	16	44	148	9.25	26
相对稳定阶段	顶板	62	掘进44 m后	12	0.19	0.5
	底板	62	掘进44 m后	108	1.74	
	巷道	62	掘进44 m后	120	1.94	10
	上帮	62	掘进44 m后	80	1.29	10
	两帮	62	掘进44 m后	102	1.65	10

1.29 mm/d，最大移近速度为 10 mm/d。

2. 测站 II 观测数据及分析

表 7 - 5 是观测数据列表。图 7 - 7 所示是测站 II 顶板和两帮锚杆载荷随观测时间的变化曲线。可以看出：

（1）顶锚杆的安装应力为 5 t，帮锚杆的安装应力为 4 t。

（2）锚杆载荷在 1 d 之内迅速增加，高安装应力和锚杆载荷的迅速增加充分控制了顶板的早期变形破坏，防止了离层的发生。

（3）锚杆载荷在 3 d 内基本达到稳定，顶板载荷达到 12 t，帮载荷达到 9.5 t。

（4）3 d 之后顶锚杆载荷仍然以缓慢速度增加，但增加幅度不大。在观测 17 d 期间内，顶锚杆的最大载荷为 13 t，下帮载荷到 12 t 后压力表损坏，而无法测定。

表 7 - 5　1611 工作面回风巷测站 II 压力表记录表

观测时间/ 日期	观测天数/ d	距掘进面距离/m		压力表读数（锚杆工作阻力）/t	
		下帮	顶板	下帮	顶板
2006 - 01 - 07	1	3.2	0.5	4	7
2006 - 01 - 10	4	16	12	9.5	11.5
2006 - 01 - 12	6	20.8	16.8	9.5	12
2006 - 01 - 14	8	28.8	24.8	11	12.5
2006 - 01 - 15	9	32.8	28.8	12	13
2006 - 01 - 17	11	44.8	40.8	12	13
2006 - 01 - 20	14	59.2	55.2	表坏	12.6
2006 - 01 - 21	15		61.6	表坏	13
2006 - 01 - 23	17		67.2	表坏	13

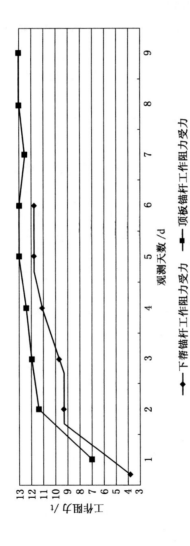

图 7 - 7 测站Ⅱ顶板和两帮锚杆载荷随观测时间的变化曲线

表 7－6 1611 上平巷测站 Ⅱ 不同阶段变形量对比表

变形阶段	测点	巷道变形影响期/d	巷道影响范围/m	变形量/mm	平均移近速度/(mm·d⁻¹)	最大移近速度/(mm·d⁻¹)
掘进开挖影响阶段	顶板	10	30	17	1.7	4
	底板	10	30	65	7.4	
	巷道	10	30	82	8.2	19
	上帮	10	30	45	4.5	12
	两帮	10	30	107	10.7	22
相对稳定阶段	顶板	42	掘进 30 m 后	7	0.17	2
	底板	42	掘进 30 m 后	49	1.17	
	巷道	42	掘进 30 m 后	56	1.33	7
	上帮	42	掘进 30 m 后	60	1.43	9
	两帮	42	掘进 30 m 后	100	2.38	13

1611 上平巷测站 Ⅱ 不同阶段变形量对比表见表 7 - 6。

从表 7 - 6 可以看出，巷道经历了 2 个阶段，即掘进开挖影响阶段和相对稳定阶段。

（1）在测站 Ⅱ 处巷道掘进 30 m 范围内，巷道表面位移速度较大，为掘进开挖影响阶段，经历 10 d。该阶段巷道顶、底板移进量为 82 mm，平均移近速度为 8.2 mm/d，最大移近速度为 19 mm/d；巷道顶板下沉量为 17 mm，平均移近速度为 1.7 mm/d，最大移近速度为 4.0 mm/d；底鼓量为 65 mm，平均移近速度为 7.4 mm/d；两帮累计移近量为 107 mm，平均移近速度为 10.7 mm/d，最大移近速度为 22 mm/d；上帮移近量为 45 mm，平均移近速度为 4.5 mm/d，最大移近速度为 12 mm/d。

（2）测站 Ⅱ 处巷道掘进 30 m 后，进入相对稳定阶段，经历 42 d。该段时间内顶、底板累计移近量为 56 mm，平均移近速度为 1.33 mm/d，最大移近速度为 7.0 mm/d；顶板下沉量为 7 mm，平均移近速度为 0.17 mm/d，最大位移速度为 2.0 mm/d；底鼓量为 49 mm，平均移近速度为 1.17 mm/d，两帮累计移近量为 100 mm，平均移近速度为 2.38 mm/d，最大移近速度为 13 mm/d；上帮移近量为 60 mm，平均移近速度为 1.43 mm/d，最大移近速度为 9.0 mm/d。

3. 测站 Ⅲ 观测数据及分析

表 7 -7 是观测数据列表，可以看出，顶锚杆的安装应力为 5 t，帮锚杆的安装应力为 3.5 t。

表 7 -8 为 1611 上平巷测站 Ⅲ 不同阶段变形量对比表见表 7 -8。

从表 7 -8 可以看出，巷道经历了 2 个阶段，即掘进开挖影响阶段和相对稳定阶段。

表7-7　1611工作面回风巷测站Ⅲ压力表记录表

观测时间/日期	观测天数/d	距掘进面距离/m		压力表读数(锚杆工作阻力)/t	
		下帮	顶板	下帮	顶板
2006-01-18	1	3.6	3.2	3.5	5
2006-01-20	3	12.8	12.4	6	8
2006-01-21	4		19.2		8
2006-01-23	6		24.8		9

（1）在测站Ⅲ处巷道掘进30 m范围内，巷道表面位移速度较大，为掘进开挖影响阶段，经历5 d。该阶段巷道顶、底板移进量为41 mm，平均移近速度为8.2 mm/d，最大移近速度为17 mm/d；巷道顶板下沉量为8 mm，平均移近速度为1.6 mm/d，最大移近速度为3.0 mm/d；底鼓量为33 mm，平均移近速度为6.6 mm/d；两帮累计移近量为35 mm，平均移近速度为7.0 mm/d，最大移近速度为10 mm/d；上帮移近量为22 mm，平均移近速度为4.4 mm/d；最大移近速度为6.0 mm/d。

（2）在测站Ⅲ处巷道掘进30 m后，进入相对稳定阶段，经历27 d。该段时间内顶、底板累计移近量为88 mm，平均移近速度为3.26 mm/d，最大移近速度为6.8 mm/d；顶板下沉量为10 mm，平均移近速度为0.37 mm/d，最大移近速度为1.0 mm/d；底鼓量为78 mm，平均移近速度为2.89 mm/d；两帮累计移近量为58 mm，平均移近速度为2.15 mm/d，最大移近速度为4.0 mm/d；上帮移近量为34 mm，平均移近速度为1.26 mm/d；最大移近速度为3.0 mm/d。

4.1611工作面回风巷巷道围岩变形观测结果

（1）从以上观测结果可以看出，1611工作面回风巷巷道进

表7-8 1611上平巷测站Ⅲ不同阶段变形量对比表

变形阶段	测点	巷道变形影响期/d	巷道影响范围/m	变形量/mm	平均移近速度/(mm·d⁻¹)	最大移近速度/(mm·d⁻¹)
掘进开挖影响阶段	顶板	5	30	8	1.6	3
	底板	5	30	33	6.6	17
	巷道	5	30	41	8.2	
	上帮	5	30	22	4.4	6.0
	两帮	5	30	35	7	10
相对稳定阶段	顶板	27	掘进30 m后	10	0.37	1
	底板	27	掘进30 m后	78	2.89	6.8
	巷道	27	掘进30 m后	88	3.26	
	上帮	27	掘进30 m后	34	1.26	3.0
	两帮	27	掘进30 m后	58	2.15	4

入相对稳定阶段后，围岩的变形趋于稳定，而顶底移近量主要以底鼓为主，两帮移近量也逐渐变小并趋于稳定。

（2）综合分析认为，1611 工作面回风巷巷道在深部地压下，围岩属高应力软岩，受重力影响，承受较大压力，巷道顶板压力通过两帮传递到底板，底板又是无支护的自由面，从而导致应力在底板中释放，所以巷道底鼓量较大。采用高强高预应力柔性锚杆支护后，加强了顶板、两帮整体支护强度，从而底鼓量较小，两帮移进量较小，从而说明巷道采用高强扭矩应力锚杆（可让压）加固后支护强度加强，支护试验段能够起到有效控制巷道整体位移量的作用，变形满足巷道的使用要求。

（3）现场观测中，掘进开挖影响阶段原支护段巷道表面出现严重折曲变形，巷道表面位移收敛变形，特别是底鼓量大。试验段钢带未出现折曲现象，巷道表面位移收敛变形比原支护段明显减少，说明试验段锚杆支护设计合理。

（4）在巷道顶板下沉基本稳定后，顶底板移近量仍继续上升，巷道底鼓速度大于顶沉速度，底鼓量较大。所以，在深部地压下应对巷道底板进行支护，特别是应保证底角锚杆的施工质量。

（5）试验段与原支护段相比，顶板离层仪总离层量减少，浅部范围离层量减少，说明试验段锚杆锚固范围整体性比原支护段强，从而说明试验段高强高预应力柔性锚杆能够控制巷道收敛变形及顶板产生较大离层。

7.5　本章小结

通过在地质条件复杂、高地应力且受冲击地压威胁的某矿试验应用，可知：①巷道采用高强高预应力柔性锚杆支护，加强了顶板、两帮整体支护强度，从而底鼓量减小，两帮移进量比较小，支护效果明显优于原支护段；②研究设计的高强高预应力柔性锚杆，可较好地控制多元应力作用下深井巷道围岩的稳定性，锚杆直径虽降低了一个等级，但巷道支护效果明显改善。

8 结论与展望

本文针对千米深井高地应力、复杂地质构造区的巷道条件，利用地应力测量方法测定了深井原岩应力和巷道围岩次生应力分布，并根据实测结果建立了高垂直应力作用下深部巷道相似材料模拟试验模型和多元应力作用下深部巷道不同应力场状态的数值模拟模型，探讨了深部巷道围岩应力分布规律及其破坏机理，利用弹塑性理论分析了深部矿井不同水平应力作用下不同断面形状的巷道围岩应力分布特点。在上述试验、数值模拟和理论研究基础上，结合新汶矿区地质条件和开采技术状况，提出了一种全新的深井巷道支护理念，并在该理念指导下进行了深井巷道围岩安全控制系统研究。

8.1 主要结论

（1）采用先进的地应力测试仪器与设备对新汶矿区主要煤矿进行了地应力和围岩强度测量。测试结果表明，新汶矿区目前开采水平的最大水平应力在 40 MPa 左右，且围岩条件较差，围岩强度一般在 30 ~ 40 MPa 之间，煤层强度一般在 8 ~ 12 MPa 之间，属典型的深井高应力巷道。除此之外，新汶矿区主要煤矿 78% 的测点最大水平主应力大于垂直应力；最大水平主应力高达 42.1 MPa；最大水平主应力与垂直主应力的比值为 1.06 ~ 1.65。

（2）通过相似材料模拟研究得出，在高垂直应力作用下，深部巷道围岩的破坏及失稳具有阶段性特征。从两帮破坏前的顶板初次拱形破坏阶段到顶板初次破坏后的两帮破坏阶段，再发展到两帮破坏后的顶板二次破坏，形成一个整体拱形破裂面到拱形破裂面以外围岩的破坏阶段。

（3）深部矿井无支护巷道围岩强度破坏过程是一个稳定断面形状的自然优化过程。无支护或可用支护条件下，强度破坏的结果都将使破坏区以外的围岩内边界形成最稳定的拱形断面。

（4）理论计算与分析表明：深部矩形巷道角点上的应力远远大于其他部位的应力值。当侧压系数 $\lambda = 0.5$ 时，深部巷道两帮较顶、底板破坏严重，破坏形式以两帮剪切破坏和顶、底板拉断为主；$\lambda = 1.0$ 时，深部巷道四周均匀破坏，巷道四周破坏形式为剪切和拉断破坏；$\lambda = 1.5$ 和 $\lambda = 2.0$ 时，巷道破坏较严重，且顶、底板较两帮破坏严重，破坏形式以两帮的拉断和底板的剪切破坏为主。因此，支护时应加强对矩形巷道角点和顶板的支护。

（5）在多元应力作用下，深部巷道开挖起初阶段围岩松动塑性破坏现象明显，围岩变形量大，变形速度快；在巷道两侧和掘进面前端一定距离附近形成侧向和超前应力增高区，巷道围岩一定深度内为松动塑性破坏区，也是主要的卸荷区和主要的位移发生区；随掘进的不断向前推进，巷道塑性区和应力卸荷区以及主要位移区的变化逐渐趋于稳定。

（6）建立了无监督聚类分析模型，并对影响巷道围岩稳定性的诸因素进行了聚类分析，得出围岩强度、顶板组合强度是影响巷道围岩稳定性的主要因素。

（7）为了更好地安全控制深部巷道变形，提出了"三高一低"原则，即高强度、高刚度、高可靠性与低支护密度原则。

（8）针对新汶矿区深井高应力巷道条件，研制开发了一种高强度、高预应力柔性锚杆。该锚杆基本参数：让压点 19 t；最大弹性让压距离 25 mm；让压稳定性系数 0.16 t/mm；锚杆的屈服强度不小于 500 MPa，屈服载荷大于 17 t，最大抗拉载荷大于 24 t。

（9）对于大采深、高应力区的条件，巷道围岩安全控制系统须具有变形让压功能，柔性锚杆可以调整锚杆所受的载荷，避免锚杆过载破坏，实现巷道有控制变形，使巷道的"支—控"关系更加协调，"支—控"耦合效果更加显著。锚杆直径虽降低了一个等级，但巷道支护效果明显改善。

（10）锚杆预应力对锚杆支护系统的支护效果起着决定性作用。根据巷道围岩条件确定合理的锚杆预应力是支护设计的关键。单根锚杆预应力的作用范围是很有限的，必须通过托板、钢带和金属网等构件将锚杆预应力扩散到离锚杆更远的围岩中，特别是对于巷道表面，即使施加很小的支护力，也会明显抑制围岩的变形与破坏，保持顶板的完整。钢带、金属网等护表构件在预应力支护系统中发挥着重要的作用。

8.2 展望

深部煤炭资源安全开采是国内采矿界一个十分重要的研究课题。在深部开采环境下，煤岩体除受到高地应力、复杂构造应力场和强烈的开采扰动影响外，高地温、高岩溶水压将影响深部矿井的安全开采。资料表明，随着岩体埋深的增加，岩溶水压和地温逐渐上升，高岩溶水压和地温升高也会使岩体内部初始应力增加，如一般地温梯度 $2 \sim 3$ ℃/100 m，岩体的体膨胀系数约为 1×10^{-5}。此外，随着煤炭资源开采逐渐转向深部，冲击地压发生的频次和烈度显著增大，预防冲击地压对巷道围岩稳定性的破坏已成为深部煤炭资源开采过程中一个急需解决的最关键问题[1-3]。

因此，必须从灾害发生机理和预防技术基础等方面对深部开采中的科学问题和技术难题展开系统和深入的研究，发展深部开采的新理论和新技术已势在必行。只有理论上取得突破和创新，才能保证深部开采的技术发展和生产安全。

参 考 文 献

[1] 何满潮，姜耀东，等. 深部开采岩体力学及工程灾害控制研究 [M].
    北京：科学出版社，2006：15-17.

[2] 谢和平. 深部高应力下的资源开采——现状、基础科学问题与展望
    [M]. 北京：中国环境科学出版社，2002：179-191.

[3] 勾攀峰，汪成兵，韦四江. 基于突变理论的深井巷道临界深度 [J].
    岩石力学与工程学报，2004，23 (24)：4137-4141.

[4] 高延法，曲祖俊，牛学良，等. 深井软岩巷道围岩流变与应力场演变
    规律 [J]. 煤炭学报，2007，32 (12)：1244-1252.

[5] 钱鸣高，等. 矿山压力及其控制 [M]. 北京：煤炭工业出版社，
    1991.

[6] 何满潮. 深部开采工程岩石力学的现状及其展望 [M]. 北京：科学
    出版社，2004：88-94.

[7] 韦四江，勾攀峰，马建宏. 深井巷道围岩应力场、应变场和温度场耦
    合作用研究 [J]. 河南理工大学学报，2005，24 (5)：352-353.

[8] 周宏伟，左建平. 深部高地应力下岩石力学行为研究进展 [J]. 力学
    进展，2005，35 (1)：91-99.

[9] 何满潮，齐干，程骋，等. 深部复合顶板煤巷变形破坏机制及耦合支
    护设计 [J]. 岩石力学与工程学报，2007 (5)：16-18.

[10] 冯夏庭，等. 深部开采诱发的岩爆及其防治策略的研究进展 [J].
    中国矿业，1988，7 (5)：42-45.

[11] Diering D H. Ultra-deep level mining future requirements [J]. The Jour-
    nal of the South African Institute of Mining and Metallurgy, 2006, 97
    (6)：249-255.

[12] 古德生. 金属矿床深部开采中的科学问题 [M]. 北京：中国环境科
    学出版社，2002：192-201.

[13] 高峰，等. 节理岩体强度的分形统计分析 [J]. 岩石力学与工程学

报, 2004, 11 (23): 3608 - 3611.

[14] 惠功领, 胡殿明. 深部高应力围岩碎裂巷道支护技术 [J]. 煤矿支护, 2006 (2): 22 - 24.

[15] 巨天乙, 樊怀仁, 夏玉成, 等. 奥灰水文地质条件研究与深部煤炭资源开发 [J]. 西安科技学院学报, 1995 (4): 65 - 67.

[16] 李树清, 王卫军, 潘长良, 等. 加固底板对深部软岩巷道两帮稳定性影响的数值分析 [J]. 煤炭学报, 2007 (2): 156 - 158.

[17] 韩军, 张宏伟, 张文军. 深井回采巷道锚杆支护的数值计算 [A]. 第九届全国岩石力学与工程学术大会论文集 [C], 2006.

[18] 贾敬新. 德国煤矿深部巷道支护技术 [J]. 江苏煤炭, 1997 (4): 62 - 63.

[19] 陈庆敏, 等. 煤巷锚杆支护新理论与设计方法 [J]. 矿山压力与顶板管理, 2002 (1): 12 - 15.

[20] Gooden H E. Formation Mechanical Property Characterization for Engineering and Earth Science Modeling Applications Using the Rock Mechanics Algorithm (RMA) [J]. Int. J. Rock Mech. & Min. Sci, 2006, 4 (3): 440 - 441.

[21] Spar J R. Formation Compressive Strength Estimates for Predicting Drillability and PDC Bit Selection [J]. SPE, Richardson TX, ETATS - UNIS, 2004, 2: 569 - 578.

[22] Hamed A. Deep Wells Bit Optimization [J]. IADC/SPE 39269, 2003: 197 - 203.

[23] Johnston I W, Choi S K. A Synthetic Soft Rock for Laboratory Model Studies [J]. Geotechnique, 2005, 36 (2): 251 - 263.

[24] Kidybinski A. Strata control in deep mines [M]. Rotterdam: A. A. Balkema, 2006, 12: 35 - 38.

[25] 靖洪文. 深部巷道破裂围岩位移分析及应用 [D]. 徐州: 中国矿业大学, 2001.

[26] Santos H, Fontura S A B. Concepts and Misconceptions of Mud Selection Criteria: How to Minimize Borehole Stability Problems. San Antonio [M]. USA: SPE Annual Technical Conference and Exhibition, 2002: 120 – 128.

[27] Choi S K, Tan C P. Modelling of Effects of Drilling Fluid Temperature on Wellbore Stability [J]. Erock'98 Rock Mechanic in Petroleum Engineering, 2005.

[28] 徐志斌, 高峰, 等. 张性断层构造预测的岩石分形统计强度理论 [J]. 武汉理工大学学报, 2004, 8 (26): 65 – 67.

[29] 何满潮, 李国峰, 刘哲, 等. 兴安矿深部软岩巷道交叉点支护技术 [J]. 采矿与安全工程学报, 2007 (2): 123 – 125.

[30] 王泽进, 鞠文君. 我国锚杆支护技术的新进展 [J]. 煤炭科学技术, 2000, (9): 4 – 6.

[31] 李希勇, 孙庆国, 胡兆锋. 深井高应力岩石巷道支护研究与应用 [J]. 煤炭科学技术, 2002, 30 (2): 11 – 13.

[32] Pariseau W G. Plasticity Theory for Anisotropic Rocks and Soils [J]. Proc. 10th U. S. Symp. on Rock Mech, 1996: 267 – 295.

[33] Haimson B C, Herrick C G. Borehole Breakouts and Insitu Stress [J]. Proc. 12th. Ann ETCF – ASME Drilling Symp. Houston, 1999: 17 – 22.

[34] Tan C P, Zeynaly – Andabily M E, Rahman S S. A Novel Method of Screening Drilling Muds Against Mud Pressure Penetration for Effective borehole Wall Support [A]. Proc. IADC/SPE Asia Pacific Drilling Technology Conference, 2005: 187 – 294.

[35] Onyia E C. Relationships Between Formation Strength, Drilling Strength, and Electric Log Properties [D]. SPE Drilling Engineering, 1998: 605 – 618.

[36] Wu B, Tan C P, Aoki T. Specially Designed Techniques for Conducting Consolidated Undrained Triaxial Tests on Low Permeability Shales [J]. International Journal of Rock Mechanics and Mining Sciences and Geome-

chanics Abstracts, 2006, 4 (3): 458.

[37] Shen B, Stephansson O, Einstein H H, et al. Coalescence of fractures under shear stresses in experiments [J]. J Geophys Res, 2004, 100 (B4): 5975 – 5990.

[38] 刘文涛, 何满潮, 杨生彬, 等. 深部岩巷不对称变形机理及支护对策研究 [A]. 第九届全国岩石力学与工程学术大会论文集 [C], 2006.

[39] 兰永伟, 高红梅. 深部巷道支护中的数值计算 [J]. 矿山压力与顶板管理, 2005 (3): 135 – 137.

[40] Tan C P, Richard B G, Rahman S S. Managing Physic – Chemical Wellbore Instability in Shales with the Chemical Potential Mechanism [J]. Proc. Pacific Oil and Gas conference and Exhibition. Adelaide, Australia, 1999: 107 – 116.

[41] 徐永福, 张庆华. 压应力对岩石破碎的分维的影响 [J]. 岩石力学与工程学报, 1996, 9 (13): 250 – 254.

[42] 姜耀东, 赵毅鑫, 刘文岗, 等. 深采煤层巷道平动式冲击失稳三维模型研究 [J]. 岩石力学与工程学报, 2005 (2): 285 – 288.

[43] 马启超. 工程岩体应力场的成因分析与分布规律 [J]. 岩石力学与工程学报, 1999 (4): 329 – 342.

[44] Fairhurst C. Deformation, yield, rupture and stability of excavations at great depth [A]. In: Maury and Fourmaintraux eds. Rock at great depth. Rotterdam: A A Balkema, 2002: 1103 – 1114.

[45] 李晓静. 深埋硐室劈裂破坏形成机理的试验和理论研究 [D]. 山东大学, 2006.

[46] Arjang B. Pre – mining stresses at some hard rock mines in the Canadian shield [J]. Proc, 30th US Symp. Rock Mech, 1989: 545 – 551.

[47] 王泳嘉, 邢纪波. 离散单元法及其在岩土工程中的应用 [M]. 沈阳: 东北工学院出版社, 1991.

[48] D IER NGD H. Mining at ultra depths in the 21st century [M]. CM Bulletin, 2000: 141 - 145.

[49] MALAN D F, BASSON F R P. Ultra - deep mining. The increased potential for squeezing conditions [J]. The Journal of the South African Institute of Mining and Matallurgy, 1998, 11: 353 - 362.

[50] Xu Fangjun, Mao Debing. The mechanism of occurring the impact earth compress in Hua Feng coal [J]. Coal technology, 2001, 29(4):41 - 43.

[51] 杜计平, 等. 煤矿深井开采的矿压显现及控制 [M]. 徐州: 中国矿业大学出版社, 2000.

[52] 黄小石. 煤矿深部开采可能出现的问题及对策 [J]. 煤炭技术, 2003 (7): 35 - 37.

[53] He Manchao. Present state and perspective of rock mechanics in deep mining engineering [A]. Beijing: Science Press, 2004: 88 - 94.

[54] 朱浮声, 郑雨天. 全长黏结式锚杆的加固作用机理分析 [J]. 岩石力学与工程学报, 1996, 15 (4): 333 - 337.

[55] Yan Yushu. Theory and Practices of Soft Rock Roadway Support in China [C]. Beijing: China University of Mining and Technology Press, 2005: 1 - 17.

[56] 李金奎, 王金安, 李大屯, 等. 高应力深部巷道破碎围岩锚喷支护技术研究 [A]. 第九届全国岩石力学与工程学术大会论文集, 2006.

[57] He Manchao, Xie Heping, Peng Suping, et al. Study on Rock Mechanics in deep mining Engineering [J]. Chinese Journal of Rock Mechanics and Engineering, 2005, 24 (16): 2803 - 2813.

[58] 李夕兵, 古德生. 深井坚硬矿岩开采中高应力的灾害控制与碎裂诱变 [M]. 北京: 中国环境科学出版社, 2002: 192 - 201.

[59] 段庆伟, 何满潮, 张世国. 复杂条件下围岩变形特征数值模拟研究 [J]. 煤炭科学技术, 2002 (6): 55 - 58.

[60] Jiang Yaodong, Zhao Yixin, Liu Wengang, et al. Research on floor heave

of roadway in deep mining [J]. Chinese Journal of Rock Mechanics and Engineering, 2004, 23 (7): 2396 – 2401.

[61] Zhai Xinxian, Li Huamin. Research on surrounding rock deformation characters of soft rock roadway at depth [J]. Coal, 1995, 4 (5): 24 – 26.

[62] Brady B H G. Rock Mechanics: For underground mining [M]. Springer, 2007: 311 – 321.

[63] 唐辉明, 晏同珍. 岩体断裂力学理论与工程应用 [M]. 北京: 中国地质大学出版社, 1993.

[64] Xu Siming, Miu Xiexing. Research condition of time effect of impact earth compress [J]. Mine Safe and Environmental Protection, 2001, 4 (28): 27 – 29.

[65] 李化敏, 胡劲松, 等. 深井巷道矿压与支护问题的探讨 [J]. 焦作矿业学院院报, 1994 (6): 23 – 25.

[66] 胡成忠, 宋申华, 等. 锚网支护在软岩巷道中的应用 [J]. 矿山压力与顶板管理, 2003 (2): 12 – 14.

[67] Liao Hongjian, Ning Chunming, Yu Maohong, et al. Experimental Study on Strength – deformation – time Relationship of Soft Rock [J]. Rock and Soil Mechanics, 1998, 6 (19): 8 – 13.

[68] Germanovich L N, Dyskin A V. Fracture mechanisms and instability of openings in compression [J]. International Journal of Rock Mechanics and Mining Sciences, 2000, 37: 263 – 284.

[69] Pusch R. Mechanisms and consequences of creep in crystalline rock [A]. Oxford: Pergamon Press, 1998: 227 – 241.

[70] Malan D F. Time – dependent behavior of deep level tabular excavations in hard rock [J]. Rock Mechanics and Rock Engineering, 1999, (32): 123 – 125.

[71] M alan D F. Sismulation of the time – dependent behavior of excavati. ons in hard rock [J]. Rock Mechanics and Rock Engineering, 2002, 35

（4）：225 – 254.

[72] Malan D F. Ultra – deep mining：the increase potential for squeezing con-
ditions［M］. J S Afr Inst Min Metall，1998：353 – 363.

[73] Barla G. Squeezing Rock in Tunnels［J］. ISRM，New J，2005，2：44 –
49.

[74] Sellers E J，Klerck P. Modelling of the effect of discontinuities on the ex-
tent of the fracture zone surrounding deep tunnels［J］. Tunneling and Un-
derground Space Technology，2000，15（4）：463 – 469.

[75] 魏佳. 孔隙压力对深部岩体蠕变影响的理论研究［D］. 阜新：辽宁
工程技术大学，2006.

[76] 郭忠平，李光证，黄万朋. 采动应力作用下深井巷道围岩稳定性分析
与控制［J］. 煤矿安全，2008，39（7）：68 – 70.

[77] 何满潮. 深部的概念体系及工程评价指标［J］. 岩石力学与工程学
报，2005（16）：54 – 56.

[78] 沈明荣，陈建峰. 岩体力学［M］. 上海：同济大学出版社，2006.

[79] 何满潮，景海河，孙晓明. 软岩工程力学［M］. 北京：科学出版社，
2002.

[80] 尹传理，李化敏，等. 我国煤矿深部开采问题探讨［J］. 煤矿设计，
1998（8）：13 – 15.

[81] 涂敏，等. 深部开采巷道矿压显现及控制［J］. 矿山压力与顶板管
理，1994（2）：19 – 21.

[82] 付国彬，姜志方，等. 深井巷道矿山压力控制［M］. 徐州：中国矿
业大学出版社，1996.

[83] 段旭华，等. 浅谈深部开采工作面支护与矿压控制［J］. 煤矿开采，
1999（6）：33 – 35.

[84] 侯朝炯，郭励生，等. 煤巷锚杆支护［M］. 徐州：中国矿业大学出
版社，1999.

[85] 黄福昌，等. 兖州矿区煤巷锚网支护技术［M］. 北京：煤炭工业出

版社，2000.

[86] 姜耀东，刘文岗，赵毅鑫，等．开滦矿区深部开采中巷道围岩稳定性研究 [J]．岩石力学与工程学报，2005，24（Ⅱ）：1857 - 1862.

[87] 谭云亮，刘传孝．巷道围岩稳定性预测与控制 [M]．徐州：中国矿业大学出版社，1999.

[88] 郭忠平，王志军，李勇．基于神经网络的综合指标在煤矿安全预测中的应用 [J]．煤矿安全，2005，36（9）：28 - 30.

[89] 陈荣，杨树斌．砂固结预应力锚杆的室内试验及锚固机理分析 [J]．岩土工程学报，2000，22（3）：235 - 237.

[90] 李树清，王卫军，潘长良．深部巷道围岩承载结构的数值分析 [J]．岩土工程学报，2006，28（3）：377 - 381.

[91] 李通林，等．矿山岩石力学 [M]．重庆：重庆大学出版社，1991：10 - 34.

[92] Velde B，et al. Fractal anaiysis of fractures in rocks; the canto;'s dust method [M]. Tectono Physlcs，1990，179：345 - 352.

[93] 赵宝友．深部巷道围岩变形机理的数值模拟研究 [D]．阜新：辽宁工程技术大学，2006.

[94] Grodner M. Fracturing around a preconditioned deep level gold ni;e stope [J]. Geotechnical and Geological Engineering，1999，17：291 - ;04.

[95] Zhang Z X，Kou S Q，Jiang L G，et al. Effects of loading rate on rock fracture: fracture characteristics and energy partitioning [J]. International Journal of Rock Mechanics and Ming Sciences，2000，37(5):745 - 762.

[96] 王建军．锚索支护在井巷支护中的应用 [J]．矿山安全与环保，2003（6）：23 - 25.

[97] 唐春安，王述红，等．岩石破裂过程数值试验 [M]．北京：科学出版社，2003.

[98] 麦倜曾，张玉军．锚固岩体力学性质的研究 [J]．工程力学，1987，4（1）：106 - 1162.

[99] Marence M, Swoboda G. Numerical model for rock bolts with consideration of rock joint movement [J]. Rock Mech. and Rock Eng, 2003, 28 (3): 145 – 165.

[100] Chua K, Aimone M, et al. Numerical study of the effectiveness of mechanical rock bolts in an underground opening excavated by blasting [J]. U. S. Symposium on Rock Mechanics, 1998, 6 (33).

[101] Swoboda G, Marence M. Numerical model for rock bolts with consideration of rock joint movements [J]. Springer Wien: Rock Mechanics and Rock Engineering, 2005, 7 (3): 145 – 165.

[102] Swoboda G, Marence M. FEM modeling of rock bolts [M]. Rotterdam: A. A. Balkema, 1991.

[103] Siad L. Stability analysis of jointed rock slopes reinforced by passive, fully grouted bolts [J]. Elsevier: Computers and Geotechnics, 2001, 28 (5): 325 – 347.

[104] 朱维申, 任伟中, 张玉军, 等. 开挖条件下节理围岩锚固效应的模型试验研究 [J]. 岩土力学, 1997, 18 (3): 123 – 127.

[105] 姜耀东, 赵毅鑫, 刘文岗, 等. 深部开采中巷道底鼓问题的研究 [J]. 岩石力学与工程学报, 2004 (14): 67 – 71.

[106] 马小钧, 何满潮. 大屯矿区深部工程锚网索支护理论与实践 [A]. 赣皖湘苏闽五省煤炭学会联合学术交流会论文集, 2007.

[107] 董世华, 周树光, 赵继银. 地应力场对深井巷道围岩稳定的影响 [J]. 矿业快报, 2007, 460: 41 – 43.

[108] 靖洪文, 李元海, 许国安. 深埋巷道围岩稳定性分析与控制技术研究 [J]. 岩土力学, 2005, 26 (6): 877 – 880.

[109] 王其胜, 李夕兵, 姚金蕊. 深井软岩巷道破坏原因及矿压显现规律 [J]. 中国矿业, 2007, 16 (11): 72 – 74.

[110] 郭忠平. 动压巷道变形及超前支承压力数值模拟分析 [J]. 煤炭科学技术, 2002, 30 (7): 52 – 53.

图书在版编目（CIP）数据

深井巷道围岩破坏机理与安全控制技术研究/郭忠平，孙常军著. -- 北京：煤炭工业出版社，2013

ISBN 978 - 7 - 5020 - 4262 - 2

Ⅰ.①深…　Ⅱ.①郭…　②孙…　Ⅲ.①深井—巷道围岩—岩石破坏机理—研究　②深井—巷道围岩—安全控制技术—研究　Ⅳ.①TD263

中国版本图书馆 CIP 数据核字（2013）第 153883 号

煤炭工业出版社　出版
（北京市朝阳区芍药居 35 号　100029）
网址：www.cciph.com.cn
煤炭工业出版社印刷厂　印刷
新华书店北京发行所　发行
＊
开本 880mm×1230mm$^1/_{32}$　印张 6
字数 135 千字　印数 1—2 000
2013 年 5 月第 1 版　2013 年 5 月第 1 次印刷
社内编号 7090　定价 20.00 元